Anke van Beekhuis
Marco Seltenreich

Führungsinstinkt

Anke van Beekhuis
Marco Seltenreich

Führungsinstinkt

Warum Führungserfolg auch Bauchsache ist

GABAL

Externe Links wurden bis zum Zeitpunkt der Drucklegung des Buches geprüft. Auf etwaige Änderungen zu einem späteren Zeitpunkt hat der Verlag keinen Einfluss. Eine Haftung des Verlages ist daher ausgeschlossen.

Bibliografische Information der Deutschen Nationalbibliothek

Die Deutsche Nationalbibliothek verzeichnet diese Publikation in der Deutschen Nationalbibliografie; detaillierte bibliografische Daten sind im Internet über http://dnb.d-nb.de abrufbar.

ISBN 978-3-96739-002-5

Lektorat: Christiane Martin, Köln | www.wortfuchs.de
Umschlaggestaltung: Martin Zech, Bremen | www.martinzech.de
Autorenfotos: Niklas Schnaubelt und Carmen Ferner
Satz und Layout: Lohse Design, Heppenheim | www.lohse-design.de
Druck und Bindung: Salzland Druck, Staßfurt

Wir drucken in Deutschland.

www.gabal-verlag.de
www.facebook.com/Gabalbuecher
www.twitter.com/gabalbuecher
www.instagram.com/gabalbuecher

PEFC zertifiziert
Dieses Produkt stammt aus nachhaltig bewirtschafteten Wäldern und kontrollierten Quellen.

www.pefc.de

Inhalt

Oben, unten und all das Dazwischen – ein instinktives Vorwort

Wir kennen es alle – das berühmte Podest, auf dem jene platziert sind, die andere Menschen anweisen, lenken, motivieren und leiten. Je nach Lebensphase und -situation hat jeder von uns schon einmal emporgeblickt und sich – mehr oder minder bereitwillig – von jenen führen lassen, die »da oben« das Sagen hatten: Eltern, Lehrer, Vorgesetzte, Experten, Mentoren, Politiker, Vorbilder, Ikonen, Legenden. Und wir tun es noch immer – sogar dann, wenn wir in die berufliche Situation gekommen sind, selbst Führungsverantwortung inne zu haben.

Menschen blicken gerne empor – auch wenn viele insgeheim davon träumen, sich »von niemand mehr etwas sagen zu lassen« oder »ihr eigener Boss zu sein«. Und doch bleibt es bei vielen bei diesem Wunsch bzw. einem Platz in der zweiten Reihe oder einer Position fernab vom Scheinwerferlicht – und das ist gut so. Ein Stamm mit lauter Häuptlingen wäre nicht erfolgreich.

Das menschliche Zusammenleben und Zusammenarbeiten beruhte im Laufe der letzten Jahrtausende durchwegs auf klaren Hierarchiestrukturen. In diesem Gefüge haben Hunderte Generationen Erfahrungen gesammelt und wurden dabei von zahlreichen Gesetzmäßigkeiten geprägt. Unzählige Mythen und Heldenepen basieren auf starken Führungspersönlichkeiten, die inmitten von Widrigkeiten klaren Kopf bewahrt haben und mit Mut und Zielstrebigkeit den Weg zum Erfolg gesehen und beschritten haben. Gleichzeitig ist die Geschichte voll von Anführern, die tief gefallen sind. Es ist ein schmaler Grat zwischen dem Wunsch, endlich das Sagen zu haben, und dann aber auch der nötigen Größe, das nötige Wissen und den nötigen Mut zu haben, auch tatsächlich das Richtige zu sagen (und das Richtige zu tun).

Die Frage, wer das Zeug zur Führungspersönlichkeit hat, begleitet die Menschheit also durch ihre gesamte Geschichte – mit durchaus extremen und gegensätzlichen Versuchen einer Antwort und einer Erkenntnis: Bei all den vielschichtigen Situationen, Konstellationen, Gegebenheiten und wechselnden Entwicklungen benötigt eine glaubwürdige Führungspersönlichkeit das Gespür, in jeder Situation das Richtige für den Erfolg zu tun, und den Mut, auf dieses Bauchgefühl zu hören. Wir haben dieses Talent unter dem Begriff »Führungsinstinkt« zusammengefasst. Und wie Sie sich vorstellen können, liegen dahinter noch eine Reihe zahlloser weiterer Eigenschaften, Erfahrungen, Erkenntnisse und Ehrenrunden, die wir Ihnen auf den folgenden Seiten auf fundierte und unterhaltsame Art und Weise näherbringen möchten.

Mit einem Irrglauben wollen wir jedoch gleich zu Beginn aufräumen: Ein guter Instinkt ist keine gottgegebene Gabe, sondern will erarbeitet, geschärft und immer wieder unter Beweis gestellt werden. Wie man an vielen aktuellen Beispielen sieht, haben moderne Helden kein lebenslanges Monopol auf Status, Image und Erfolg mehr. Erfolgreich zu bleiben ist ein genauso großes Stück Arbeit wie erfolgreich zu werden. Das wird in der heutigen Zeit, in der Erfolg im Erreichen eines gewissen Status gesehen wird, oft vergessen. Gerade in puncto Glaubwürdigkeit, Auftreten und Charisma brauchen Führungskräfte heute nicht nur einen langen Atem, sondern auch eine klare Alternative zu heißer Luft – auch (oder besser gerade) weil die Hierarchiestrukturen immer flacher werden. Wer in dieser neuen Führungslandschaft nicht aus eigenem Antrieb Schwung generieren kann, rollt ziemlich schnell im Flachen aus.

Das Zeitalter der gefürchteten Bosse, die sich im argumentativen Notfall hinter ihrem Ruf als Choleriker verstecken können, nähert sich genauso dem Ende wie männerdominierte Machtstrukturen oder mit eiserner Hand geführte Regellabyrinthe. Dafür sorgen einerseits das Internet mit seiner Transparenz und andererseits die Generationen, die mit einem neuen Selbstverständnis für diese Freiheiten (und einer gewissen Immunität für konservative Belohnungsformen) aufwachsen. Klar ist: Auch diese Generationen wollen und müssen geführt werden – allerdings mit einem völlig neuen Ansatz, ohne Bluffs und doppelte Böden, besonders dann, wenn man inmitten eines gewaltigen Führungskräftemangels gute, fähige und selbstbewusste Menschen anlocken, motivieren und halten möchte.

Gut zu führen hat einen anderen Stellenwert bekommen. Während man früher beim Thema Menschenführung eher an Methoden, Tools und Ansätzen feilte, braucht es heute mehr denn je authentische und menschliche Qualitäten, die nicht so leicht in Seminaren und Workshops zu vermitteln sind. Es sind gereifte und reflektierte Persönlichkeiten gefragt, die die richtige Balance für Teams finden, die nicht mehr in erster Linie mithilfe von Disziplin, Funktionen und Checklisten funktionieren wollen, sondern mit Möglichkeiten, Vertrauen und Freiheiten. Es braucht Klarheit mit Fingerspitzengefühl, Nähe mit Respektabstand und Wertschätzung ohne Harmoniebedürfnis.

Das dafür nötige Führungs-Charisma eignet man sich nicht bedarfsweise über Nacht an – es ist das Ergebnis einer Reise mit sich selbst hin zu einer glaubwürdigen Unerschütterlichkeit, mit der man leistungsbereite (aber zunehmend leistungsdruckresistentere) Menschen ganz ohne doppelten Boden zu eigenen Erkenntnissen (und damit zu einem gemeinsamen Erfolg) führt.

Genau zu dieser Reise wollen wir Sie mit diesem Buch einladen – und das auf durchaus ungewöhnliche Art und Weise. Der Weg zu Ihrem persönlichen Führungsinstinkt führt nicht nur über Wissen, sondern auch über Erfühlen und Nachdenken. Aus diesem Grund bieten wir Ihnen mit kleinen Geschichten immer wieder einen alternativen Zugang zu gewissen Themen und Aspekten an.

Nehmen Sie die Führungs-Landkarte zur Hand und tauchen Sie dort ein, wo Sie gerade Impulse benötigen. Eine Reise muss nicht immer linear sein – vor allem nicht, wenn man sich dessen bewusst wird, dass Fortschritt, Entwicklung und Reifeprozesse üblicherweise in Kreisbewegungen ablaufen.

Und: So wie gute Führung niemals eine Einbahnstraße ist, soll auch dieses Buch keine einseitige Angelegenheit sein. Wir freuen uns, wenn Sie uns an Ihrem Weg als angehende oder erfahrene Führungskraft teilhaben lassen und uns Ihre persönlichen Erfahrungen, Erkenntnisse und Führungsinstinktsituationen zusenden. Schreiben Sie uns dazu an fuehrungsinstinkt@beekhuis.at. Wir sind gespannt darauf, an Ihrem Weg teilzuhaben!

Anke van Beekhuis & Marco Seltenreich
Wien im März 2020

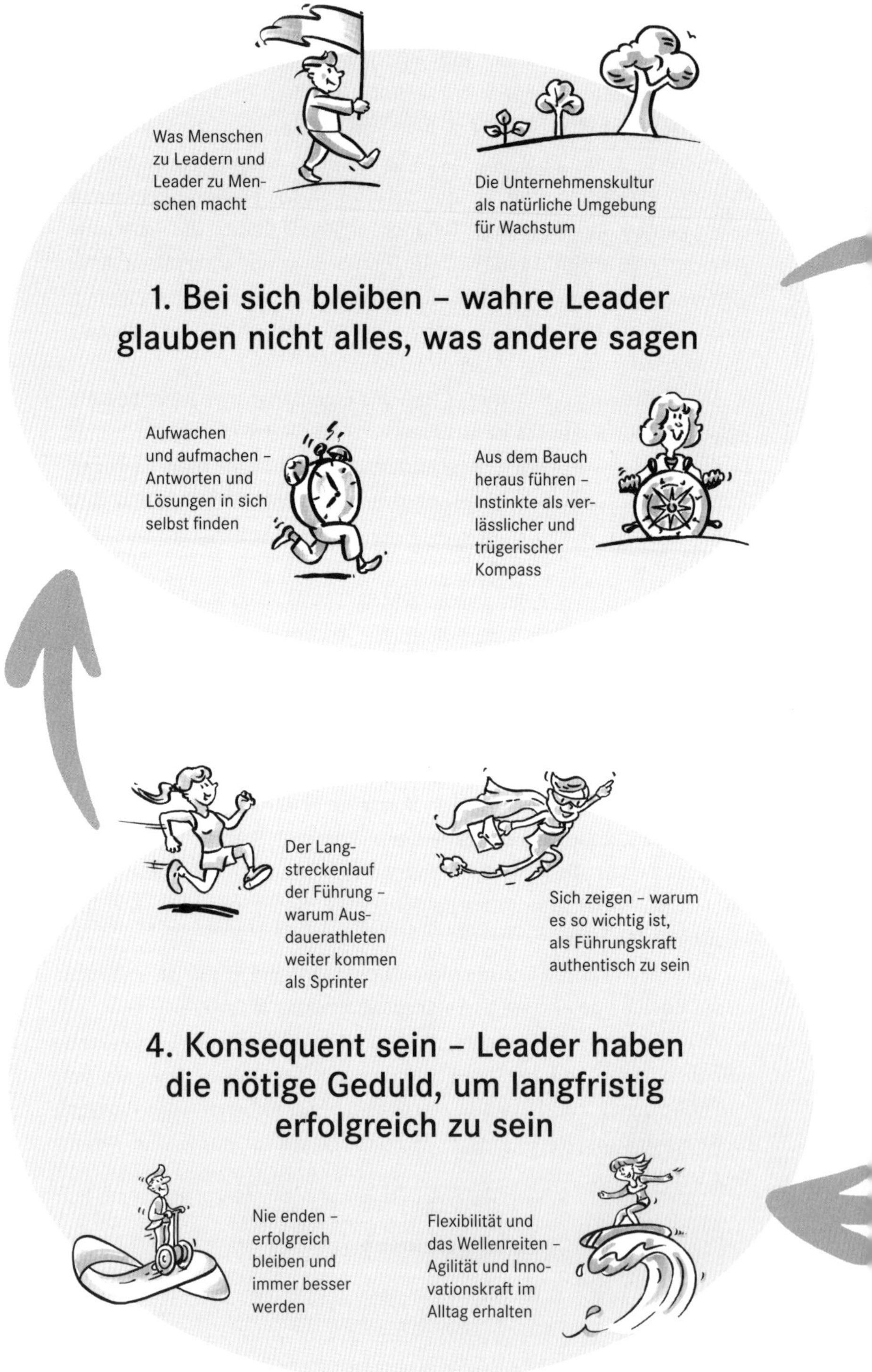
Was Menschen zu Leadern und Leader zu Menschen macht
Die Unternehmenskultur als natürliche Umgebung für Wachstum
1. Bei sich bleiben – wahre Leader glauben nicht alles, was andere sagen
Aufwachen und aufmachen – Antworten und Lösungen in sich selbst finden
Aus dem Bauch heraus führen – Instinkte als verlässlicher und trügerischer Kompass
Der Langstreckenlauf der Führung – warum Ausdauerathleten weiter kommen als Sprinter
Sich zeigen – warum es so wichtig ist, als Führungskraft authentisch zu sein
4. Konsequent sein – Leader haben die nötige Geduld, um langfristig erfolgreich zu sein
Nie enden – erfolgreich bleiben und immer besser werden
Flexibilität und das Wellenreiten – Agilität und Innovationskraft im Alltag erhalten

Selbsterkenntnis als solides Fundament – nur wer sich selbst kennt, kann andere aufrichtig führen

Ehrlichkeit zu sich selbst als Schlüssel zum Erfolg bei anderen – Grenzen und Möglichkeiten erkennen

Empathie öffnet Türen – was Einzelne bewegt, bringt alle weiter

2. Sich und andere kennen – Leader wissen, was Sache ist

Unterm Strich steht das Ergebnis – Teams auch ohne großen Druck fest zusammenschweißen

Wo stehe ich eigentlich – die eigene Rolle im großen Ganzen erkennen

Das eigene Tempo finden – schneller ist nicht immer erfolgreicher

Stärken und Schwächen – das Ergebnis zählt

Alle ins Boot holen – nur wer niemanden zurücklässt, kommt wirklich ans Ziel

3. Mit dem eigenen Spielraum vertraut machen – Leader kennen das Spielfeld und die Regeln

Reibungswärme hält wach – über gesunde Spannung in Teams

Rollenklarheit als Hilfsmittel – gleichzeitig Agilität und Ruhe kreieren

Die Magie der aktiven Klarheit – Führung ohne Kommunikation bleibt ungehört

1

Bei sich bleiben – wahre Leader glauben nicht alles, was andere sagen

Unternehmen brauchen sowohl vorausdenkende Visionäre als auch hinterfragende Manager. Ohne die einen gibt es keine Innovation, ohne die anderen keine Koordination.

Was Menschen zu Leadern und Leader zu Menschen macht

Die Frage, was eine gute Führungskraft kennzeichnet bzw. welche Persönlichkeitstypen eine Organisation braucht, um erfolgreich zu sein, stellen sich Menschen wahrscheinlich schon seit Jahrhunderten. Die Kunst, andere zu bewegen und zu Höchstleistungen anzuspornen, hatte im alten Rom mit Sicherheit aber andere Facetten und Schwerpunkte als heute – doch letztlich ging es damals wie heute um ... Erfolg.

Der Grund dafür liegt auf der Hand: Ohne Erfolge bekommt eine Gruppe von Menschen (heute: eine Organisation) über kurz oder lang Schwierigkeiten. Und ohne Führungspersönlichkeiten bleibt der Erfolg aus. Ein zeitloses Gesetz – in Politik, Wirtschaft und Gesellschaft.

Der Auftrag – Teil I

Mittwochnachmittag in einem Ingenieurbüro. Viktor (48) und Hermine (32), der Chef-Ingenieur und die Chef-Ingenieurin des Unternehmens, brüten im Schein der Neonbeleuchtung über Unterlagen und Schaltplänen.

Viktor: »Bist du dir sicher, dass das eine gute Idee ist?«

Hermine: »Was?«

Viktor: »... dass wir diesen Job nicht auslagern. Ich meine, woher sollen wir Techniker wissen, was eine gute Führungskraft ausmacht.«

Hermine: »Auftrag ist Auftrag. Und du weißt genau, dass die Unternehmensleitung die heiklen Aufträge nie outsourct.«

Viktor: »Das war, bevor irgendjemand auf die Idee gekommen ist, einen Leadership-Roboter zu konstruieren, der unsere Abteilungen führen soll.«

Hermine: »Sind wir nicht die besten Experten auf dem Gebiet der Robotik, die das Unternehmen hat?«

Viktor: »Ja schon, aber das hier ist ja keine primäre Frage der Technik. Eine Führungskraft ist ja kein Warenhaus-Droide.«

Hermine: »Nun ... auch ein Boss muss liefern.«

Viktor: »Ja, aber was eigentlich genau?«

Welche Typen braucht eine Organisation?

Doch wer und wie sind denn eigentlich jene, die Erfolge sicherstellen sollen? Sind es wirklich nur die »strahlenden Anführer in goldener Rüstung«, die zum Sieg verhelfen? Machen Sie bei einem kleinen Gedankenexperiment mit: Wer von den zwei nachfolgend beschriebenen Persönlichkeiten ist Ihrer Meinung nach wichtiger für den Erfolg eines Unternehmens?

Führungspersönlichkeit A: »Der mutige Visionär«

- Er bzw. sie schildert Zukunftsbilder in Form von Geschichten und Metaphern und legt großen Wert darauf, dass Mitarbeiterinnen und Mitarbeiter interne Entwicklungen aktiv mitkonzipieren und mitgestalten dürfen.
- Er bzw. sie sucht und geht gerne neue Wege in der Zielerreichung und Zusammenarbeit – auch solche, die Risiko und/oder Mut erfordern.
- Ihm bzw. ihr ist das »Was wollen wir erreichen?« wichtiger ist als das »Wie wollen wir es erreichen?«.

Führungspersönlichkeit B: »Der besonnene Möglichmacher«

- Er bzw. sie wägt jedes Risiko sorgfältig ab – auf der Basis von Zahlen, Studien und Fakten.
- Er bzw. sie legt größten Wert auf Struktur, klare Rollen, Prozesse und Ziele.
- Bei der Wahl zwischen mutiger Innovation und sicher Bewährtem tendiert er bzw. sie eher zum bereits erfolgreich Erprobten.

Der Auftrag – Teil II

Viktor schaltet die Bürobeleuchtung ein und sagt: »Eigentlich wollte ich heute pünktlich nach Hause gehen.«

Hermine: »Tja. Lass uns zumindest die Anforderungen für den Führungsroboter fertig machen.«

Viktor: »Lead2Success 4.0«

Hermine: »Wie?«

Viktor: »Den Namen habe ich mir ausgedacht, damit die Maschine ein bisschen mehr Persönlichkeit bekommt.«

Hermine: »Ist das wichtig?«

Viktor: »Nun, das ist doch die Grundanforderung für jeden Menschen, der von anderen respektiert werden will: ein guter Name.«

Hermine: »Ein Name ist doch gar nichts. Nur das, womit man sich einen Namen macht, zählt.«

Viktor: »Und womit macht man sich einen Namen?«

Hermine: »Mit authentischem Verhalten. Also, wenn man Überzeugungen hat, die sich nicht verändern und auf die man sich auch verlassen kann, wenn man mit Lead2Success 4.0 zu tun hat.«

Viktor: »Du hast den Namen gesagt.«

Hermine: »Ich weiß.«

Viktor: »Aber schreib das mit der Authentizität auf. Das ist gut.«

Hermine schreibt: »Immer gleiches Verhalten. Das sollte für einen Roboter kein Problem sein.«

Was meinen Sie? Zu welcher der beiden Führungspersönlichkeiten tendieren Sie in Ihrem Gedankenexperiment? Ist der »Visionär« oder der »Möglichmacher« die bessere Wahl?

Sie werden sicher schnell draufgekommen sein: Eine Entscheidung für A **oder** B würde zu einem groben Ungleichgewicht und auch zu einem großen Risiko führen. Natürlich gibt es genügend Beispiele für beide Persönlichkeitstypen in der Realität – aber kein Unternehmen der Welt könnte es sich leisten, exklusiv mit einem dieser beiden Persönlichkeitstypen in der oberen Führungsetage zu wirtschaften. Wie in so vielen Bereichen des Lebens liegt die Lösung in einer Balance – also in einem **Und** statt einem **Oder**.

Lassen Sie uns fortan der Einfachheit halber Typ A als »Leader« und Typ B als »Manager« bezeichnen. Da diese beiden Begriffe im Buch relativ häufig vorkommen werden, erlauben wir uns, für diese beiden Wörter das Gendern zu vernachlässigen, aber natürlich sind immer Männer **und** Frauen gemeint.

Sehen Sie, da ist es wieder … das **Und**.

Noch einmal das grundlegende Fazit: Unternehmen brauchen Leader und Manager – also vorausdenkende Visionäre **und** hinterfragende Möglichmacher. Ohne die einen gibt es keine Innovation, ohne die anderen keine Koordination.

Unternehmen, die erfolgreich sein wollen, brauchen Offenheit **und** Struktur.

Zwei Arten von Führung – die natürliche Diversität

Keine Angst, das **Und** wird im Rest des Buches nicht durchgehend fett geschrieben. Aber lassen Sie es uns im folgenden Absatz noch einmal bewusst nachhaltig einsetzen.

Es ist wichtig, dass Sie sich vor Augen halten, dass es zwei prinzipielle Arten von Führungspersönlichkeiten gibt: Die eine setzt überzeugt auf Intuition, zündende Ideen und Emotionen. Die andere beharrt darauf, alles fundiert zu hinterfragen und zu bedenken. Die eine wird oft belächelt (aber auch bewundert), weil sie sich traut, ungewöhnliche

Wege zu gehen. Die andere wird leichter ernst genommen, weil das Rationale für Menschen eher sichtbar und greifbar ist.

Diese zwei Führungstypen sind wie die Flügel eines Vogels. Entsprechend brauchen Unternehmen beide, um abheben bzw. in der Luft bleiben zu können. Wer dieses **Und** beherzigt, der fliegt dem Erfolg zu (oder umgekehrt).

Dabei steht es jedoch nur stellvertretend für viele andere Aspekte von Diversität, die für Organisationen wichtig sind:

- Visionär **und** Manager
- Männer **und** Frauen
- Schwarz **und** Weiß
- **und, und, und** ...

Wichtig ist, dass stets das eine **und** das andere Raum und Platz haben. Diese Vielfalt eröffnet neue Möglichkeiten, ohne gleichzeitig andere Türen zu verschließen. Besonders raffiniert: Diese Vielfalt – und daher auch diese Räume - entstehen bereits im Denken.

Führungskraft und Leadership – was ist das eigentlich?

Da wir noch am Anfang dieses Buch stehen, lassen Sie uns gemeinsam ein paar grundlegende Begrifflichkeiten klarstellen, damit wir auf den folgenden Seiten vom Gleichen sprechen.

Speziell der Begriff »Führungskraft« wird uns noch öfter begegnen. Aber was bedeutet das eigentlich? Gerade in der deutschen Sprache versteht man darunter ja nicht nur eine Eigenschaft, sondern auch eine Stellung im Unternehmen.

Als **Führungskraft** bezeichnet man ganz sachlich eine Funktion, die eine Person in einem Unternehmen oder einer Organisation innehat. Oft taucht sie (ohne dass der Begriff tatsächlich Erwähnung findet) im Organigramm als Leiterin oder Leiter eines Teams auf. Über die Qualität der eingesetzten »Führungskraft« (als Eigenschaft) – also ob diejenige Person diese Funktion gut oder weniger gut ausfüllt – sagt dies natürlich gar nichts aus.

Als **Leader** bezeichnet man einen Vorgesetzten oder eine Vorgesetzte nur dann, wenn er oder sie die Führungsfunktion so vorbildlich, zielführend und mit unverwechselbarer Ausstrahlung wahrnimmt, dass die Teammitglieder gerne, bereitwillig und leidenschaftlich folgen. Ein Leader ist also nicht nur eine Führungsperson, sondern eine wahre Führungspersönlichkeit.

Leadership, wie wir diesen Begriff verstehen und in diesem Buch verwenden möchten, charakterisiert also einen Menschen, der eine Führungsposition mit Zielstrebigkeit, Offenheit und Entscheidungsfreude erfolgreich ausfüllt und dabei andere begeistert und dynamisch anführt. Leader erkennt man unter anderem an ihren leidenschaftlich erzählten Geschichten und Visionen, die Mitarbeiterinnen und Mitarbeiter auch gerne weitererzählen.

Manager haben die Aufgabe, Menschen durch gemeinsame Werte, Ziele und Strukturen in die Lage zu versetzen, eine gemeinsame Leistung zu vollbringen. Management steht also für die Umwandlung von verfügbaren Ressourcen in konkreten Nutzen und Ergebnisse.

Achtung! Management ist nur beinahe mit dem Begriff »Führung« gleichzusetzen, denn das Wort bezieht sich rein auf funktionelle Aspekte. Manager müssen wirksame Aktionen im Sinne der Zielerreichung setzen. Um eine wesentliche Wirksamkeit für die Organisation zu erreichen, ist es jedoch notwendig, die entscheidenden Aktionen nicht bei den Mitarbeiterinnen und Mitarbeitern, sondern auf einer übergeordneten Ebene (Systemebene) zu setzen.

Fazit:
Leadership = menschenbezogen, strategisch, visionär
Management = organisatorisch, operativ, funktional

Der Auftrag – Teil III

Hermine inspiziert den Schaltplan, wirft die Stirn in Falten und sagt: »Weißt du, was mir noch immer nicht ganz klar ist? Wenn das mit dem Führungsroboter so eine brillante Idee ist, wieso gibt es das nicht schon längst?«

Viktor: »Terminator. Star Wars. Matrix.«

Hermine: »Wie?«

Viktor: »Die Menschen haben Angst vor Maschinen, seit diese im Kino als böse Menschenunterdrücker dargestellt wurden. Außerdem ist es unheimlich, wenn jemand völlig emotionslos und strikt Befehle ausführt.«

Hermine: »Ich dachte, wir waren uns vorhin einig, dass das authentisch – also gut – ist, wenn sich jemand immer gleich verhält.«

Viktor kratzt sich am Hinterkopf: »Hm …«

Hermine: »Also doch nicht?«

Viktor: »Nun ja. Ein bisschen von einem Gespür muss schon da sein.«

Hermine: »Gefühl? Bei einem Roboter? Wie sollen wir denn das bitte programmieren?«

Viktor: »Nun, das muss irgendwie von selbst kommen, denke ich.«

Hermine: »Wir hätten diesen Job doch outsourcen sollen.«

Viktor: »Wieso?«

Hermine: »Ich habe bei diesem Robotik-Projekt ein ganz mieses Gefühl.«

Vorhang auf für Ihr Selbstbild

Legen wir noch einmal den Fokus auf das scheinbar Banale: Ob Leader oder Manager – primäre Aufgaben auf der »Bühne Abteilung/Unternehmen« sind, Menschen zu führen und Unternehmensziele zu erreichen. Als Leader oder Manager haben Sie also eine bestimmte Rolle, deren Erfüllung von Ihnen erwartet wird. Die Rolle selbst ist klar umrissen, doch wie Sie diese anlegen, bleibt ganz Ihnen überlassen.

Um Ihre Rolle glaubwürdig mit Leben zu erfüllen, müssen Sie sich zuerst selbst erkennen:

- Was für eine Führungspersönlichkeit sind Sie?
- Was zeichnet Sie aus?
- Wie entscheiden Sie?

Warum das wichtig ist? Wenn man Leadern aufmerksam zuhört, sprechen diese sehr oft von Leistung, die sinnvoll sein soll. Mit diesem Sinn als essenziellem Fundament für jeden Gedanken und jede Handlung wollen sie andere begeistern – und meistens gelingt ihnen das auch mit Leichtigkeit. Nichts wirkt ansteckender als ein Mensch, der voller Überzeugung und glaubwürdig von einem Ziel spricht, das aus mehr besteht als aus Zahlen auf dem Papier, sondern vielmehr aus einem veränderten Zustand und neuen Möglichkeiten, die sich daraus für alle Beteiligten ergeben.

Hinter dem Geheimnis der Anziehungskraft dieser Leader vermuten viele die sichtbaren, »miterlebbaren« Emotionen, aber eigentlich ist es die starke Empathie und Wertschätzung gegenüber anderen, die andere Menschen unbewusst beeindruckt und mitreißt.

Leadern ist Integrität so wichtig, weil sie keine Rolle auf einer Bühne spielen wollen. Stattdessen wollen sie mit ihrem Denken und Handeln – und letztlich mit ihrem Erfolg – eine wichtige Rolle in ihrem eigenen Leben und im Leben anderer spielen.

Was zeichnet gute Leader aus?

Leader haben einen hohen Willen zur Leistung, weil sie sich auch selbst mit »Sinnvollem« antreiben. Sie sind sehr neugierig, offen neuen Menschen gegenüber und auch bereit, neue Wege zu gehen und etwas auszuprobieren. Dabei hinterfragen sie sich aber nicht permanent, sondern werden von dem leidenschaftlichen Wunsch angetrieben, ihre eigene Neugierde zu befriedigen.

Leader kommunizieren offen, klar und emotional, haben durch ihren anderen Zugang aber auch ein offenes Ohr für Mitarbeiterinnen und Mitarbeiter sowie für deren Ideen.

Leader haben oft große Visionen, wo Manager nur den Kopf schütteln – nicht, weil diese die Idee nicht gut finden, aber weil Manager sofort darüber nachdenken, wie die Idee in die Realität transferierbar sein soll. Leader verlieren auch gerne einmal die Realität aus den Augen, sprechen oft in der Zukunftsform und vergessen dabei, dass diese Zukunft zum jetzigen Zeitpunkt nur in ihrem eigenen Kopf existiert.

Sehen wir uns kurz an, was ein anerkannter Experte zu diesem Thema denkt: John P. Kotter, Professor für Führungsmanagement an der Harvard Business School, spricht vom Leader, der »die Richtung vorgibt, MitarbeiterInnen danach ausrichtet und Motivation und Inspiration im Unternehmen verbreitet«.

Leader werden darüber hinaus sehr oft mit jenen Organisationen assoziiert, mit denen sie eine Vision verwirklicht haben. Denken wir nur an Apple-Gründer Steve Jobs: Nach seinem Tod brach sofort der Kurs von Apple an der Börse ein – obwohl er zum damaligen Zeitpunkt in der Praxis längst das Unternehmensruder nicht mehr in der Hand hatte. Daran sieht man, wie wichtig Leader sind. Sie prägen eine Unternehmenskultur und agieren wie die Mütter oder Väter einer Organisation.

Ein Generationenwechsel von einem Leader zu einem Manager kann daher schon einmal richtig in die Hose gehen, wenn man nicht rechtzeitig und achtsam darauf zusteuert. Mitarbeiterinnen und Mitarbeiter lieben Leader und können, wenn sie jahrelang auf Leading trainiert wurden, mit vergleichsweise trockenen Managementaktionen nur schwer umgehen.

Was zeichnet gute Manager aus?

Wir wollen hier aber keinesfalls den Eindruck erwecken, dass die Qualitäten von Managern weniger wichtig sind als die funkensprühenden Energien von Leadern! Schließlich gibt es in Unternehmen ja auch Menschen, die auf diese völlig unterschiedlichen Aspekte unterschiedlich gut ansprechen.

Managern sind Korrektheit, Zahlen und Fakten als solides Fundament für ihre Entscheidungen immens wichtig. Wenn sie andere überzeugen wollen, sprechen sie bevorzugt von Zielen, Rollen, Funktionen und Prozessen.

Manager bringen Ideen auf den Boden und begegnen den Dingen rational und bodenständig. Sie haben aber auch einen ausgeprägten Erhaltungstrieb: Läuft es einmal gut, dann soll der dahinterstehende funktionierende Prozess doch bitte bewahrt werden. Dieses Sicherheitsdenken steht oft der Innovationskraft von Leadern im Wege.

Manager kommunizieren exakt und klar und orientieren sich in ihrem Verhalten und ihrer Sprache sehr stark an Funktionen und Prozessen.

John P. Kotter (den kennen Sie jetzt schon) spricht von dem Manager, der »plant, budgetiert, organisiert und Stellen besetzt, das Controlling übernimmt und Probleme löst«.

Der Auftrag – Teil IV

Viktor starrte kopfschüttelnd auf den Monitor: »Hast du das neue Memo von der Konzernleitung schon gelesen?«

Hermine: »Bin gerade dabei. Verwirrend. Ich dachte, wir sollten einfach einen Roboter entwerfen, der authentisch auftritt, weiß, was zu tun ist, und damit die Mitarbeiter zielsicher steuert.«

Viktor: »Lead2Success 4.0.«

Hermine: »Ich bleibe bei ›Roboter‹.«

Viktor: »Wieso jetzt plötzlich?«

Hermine: »Weil die neuen Anforderungen menschenunmöglich sind – zumindest für eine Maschine.«

Viktor: »Leader, Manager – beide mit völlig unterschiedlichem Verhalten. Situationselastisch sich selbst und andere steuernd. Selbsterkenntnis …«

Hermine: »Und dabei noch Charisma versprühend und Funken der Leidenschaft entzündend.«

Viktor: »Die Funken würden wir sicherlich hinbekommen. Allerdings widerspricht das wieder der Brandschutzordnung im Unternehmen.«

Hermine: »Ich glaube, es ist Zeit …«

Viktor: »Zum Outsourcen?«

Hermine: »...einzugestehen, dass eine Maschine niemals eine gute Führungskraft simulieren kann, sondern Führung etwas zutiefst Menschliches ist.«

Viktor: »Schade um den Namen.«

Hermine: »Das ist auch etwas zutiefst Menschliches – sich mit eigenem Stil und eigenem Handeln einen eigenen Namen zu machen.«

Viktor: »Was heißt das jetzt eigentlich für unseren Ruf? Sind wir gescheitert?«

Hermine: »Wieso? Wir hatten gerade eine wichtige Erkenntnis. Wir sind also gescheiter.«

Viktor: »Du wärst eine gute Führungskraft.«

Existiert die ultimative Führungskombination?

Noch einmal zum Verinnerlichen auf den Punkt gebracht: Ein Leader erzeugt Wandel und Bewegung, ein Manager Ordnung und Konstanz.

Falls Sie sich jetzt fragen, ob Sie vielleicht beides in sich tragen, müssen wir Sie leider ein wenig enttäuschen. Hier gibt es laut John P. Kotter ausnahmsweise kein Und, sondern nur ein Oder. Er meint, dass diese beiden Ausprägungen so gegensätzlich sind, dass sie nicht glaubwürdig in einer Person vereint sein können.

Wir wollen uns hier aber nicht auf Pauschalaussagen versteifen. Natürlich kann auch hier ein Und möglich sein. Es gibt außergewöhnliche Persönlichkeiten, die diesen Spagat auf Dauer schaffen. Aber diese sind sicherlich die Ausnahme.

Kotters Erkenntnis beruht auf einer Studie, in der zwei Drittel von 200 befragten Managern angegeben hatten, dass ihr Unternehmen über zu viele Vorgesetzte verfüge, die »stark im Management, aber schwach in der Führung« seien. 95 Prozent der Manager waren der Meinung, es gebe zu wenige Vorgesetzte, die beide Qualitäten besäßen.

Kotter kommt auch aufgrund eigener Beobachtung zu dem Schluss, dass die meisten Unternehmen »over-managed« und »under-led« sind. Diese knackige und bekannte Aussage stammt zwar bereits aus dem

Jahr 1990, dürfte aber nach unseren Erfahrungen in der Praxis kaum etwas von ihrer Gültigkeit verloren haben.

Hierzu passt auch ein kürzlich geführtes Gespräch mit einem Vorstandsmitglied eines Unternehmens, bei dem zum betreffenden Zeitpunkt ein Generationswechsel anstand. Sein klares und auch ernüchtertes Urteil zu der Situation: »Es gibt keine Leader mehr. Die meisten deutschsprachigen Unternehmen werden von Managern geleitet.«

Wir sehen das ähnlich: Es fehlt aus verschiedensten Gründen an der Spitze sehr oft an Mut und an visionären Geschichten. Zahlen und Fakten rücken immer mehr in den Vordergrund – so sehr, dass der Sinn dahinter oft völlig verschwindet. Doch ohne Sinn fehlt den Mitarbeiterinnen und Mitarbeitern die so wichtige Emotion in der Organisation. Es würde also vielen Organisationen guttun, mehr Leader – oder zumindest eine ausgewogene Balance – im Einsatz zu haben.

Was braucht Ihre Organisation? Was braucht Ihr Team?

Eines möchten wir gleich zu Beginn noch einmal klar betonen: Natürlich sind Leader und Manager gleichermaßen wichtig für eine Organisation! Der Grund, warum wir uns mit diesem Buch so auf Leadership und Führungsinstinkte konzentrieren, ist die simple Tatsache, dass in jeder Führungskraft ein Leader steckt. Viele Manager erreichen mit mehr Leadership-Know-how einen höheren Mehrwert in ihrer Organisation. Leadership geht immer mehr verloren, weil Menschen – aus verschiedensten Gründen – eher rational arbeiten möchten.

Gleichzeitig arbeiten viele Führungskräfte mittlerweile zu einem hohen Teil im operativen Bereich mit und haben wenig Zeit zur tatsächlichen »Menschenführung«. Dann bleibt meist nur mehr das Notwendigste zu tun – also zu managen –, damit »der Laden läuft«.

Führung ist aber mehr: Führung bedeutet, Richtungen vorzugeben, zu intervenieren, zu entwickeln und eine Führungskultur zu etablieren, die eine »High Performance Culture« ermöglicht – die also die viel zitierten »Leadership-Qualitäten« aufweist. Gerade in der Zukunft mit anders veranlagten und gepolten Arbeitnehmerinnen und -nehmern werden diese Fähigkeiten immer wichtiger werden.

Erst eine ausgewogene Führungsphilosophie, die Leadership und Management gleichermaßen kultiviert, ermöglicht Unternehmen, die wachsen und über sich hinauswachsen. Das schafft man nur, wenn man bestehenden Erfolg nicht nur »verwaltet«, sondern neue Erfolge, neue Betätigungsfelder, neue Wege aktiv sucht und beschreitet.

Kommt man mit agiler, offener und selbstbestimmter Führung seiner MitarbeiterInnen dorthin?

Unsere klare Antwort: Ja. Nur so.

Stellen Sie sich folgende Fragen:

- Wo liegen meine Stärken als Führungspersönlichkeit?
- Wo liegen meine Entwicklungsfelder als Führungspersönlichkeit?
- Wo will ich hin? Was will ich sein?

Selbstreflexion tut jedem gut. Sie hilft uns dabei, unseren Standort zu bestimmen. In Kapitel 1 geht es genau darum. Lassen Sie sich Zeit dabei, Ihren Status quo zu erkennen und zu verstehen.

Die Unternehmenskultur als natürliche Umgebung für Wachstum

Wo etwas wachsen und sich die richtigen Menschen wohlfühlen sollen, braucht es auch die richtigen Verhältnisse dafür. Was für Pflanzen und Tiere Temperatur, Nahrungsangebot, Mineralstoffe und Nestbaumaterial sind, sind für Führungspersönlichkeiten – aber auch für Mitarbeiterinnen und Mitarbeiter, die das Potenzial zur Führungspersönlichkeit haben – andere Aspekte innerhalb eines Unternehmens, die wir hier der Einfachheit halber als »Unternehmenskultur« bezeichnen wollen. Aber lassen Sie sich von der Einfachheit eines Wortes nicht täuschen: Dieser Sammelbegriff bezeichnet ein höchst komplexes Phänomen, das aus vielen Dimensionen und Ebenen besteht und dort unabhängig voneinander verschiedene Ausprägungen erfahren kann.

Eine Unternehmenskultur repräsentiert die Summe allen Wissens, Denkens, Empfindens und Wahrnehmens, die zum Erfolg des Unternehmens und der darin vereinten Menschen beiträgt. Das kann bewusst oder auch unbewusst geschehen.

Sie umfasst somit auch alle Wertvorstellungen, Normen und Verhaltenserwartungen. Das Denken, Fühlen und Handeln aller Mitarbeiterinnen und Mitarbeiter ist von der Kultur auf allen Stufen geprägt. Man kann also durchaus behaupten, dass durch diese Faktoren das Erscheinungsbild und die Wahrnehmung des Unternehmens maßgeblich geprägt werden.

Subkulturen als Ausreißer

Die Unternehmenskultur durchdringt so gut wie alles und hat Einfluss auf so gut wie alles – was aber nicht bedeutet, dass in sämtlichen Unternehmensbereichen deswegen überall das Gleiche wächst und gedeiht. In bestimmten Abteilungen, Teams, Gruppen und Units können unterschiedliche (und eigenständige) Subkulturen gelebt werden.

Trotz dieser eventuell vorhandenen Strömungen und Richtungen gibt es immer eine einheitliche »Unternehmenskultur«, die von außen (zum Beispiel von potenziellen Mitarbeiterinnen und Mitarbeitern) wahrgenommen wird.

Auch innerhalb der Organisation ist die Unternehmenskultur eine gemeinsam gelebte Wertehaltung, die für alle Beteiligten zur Selbstverständlichkeit geworden ist und nicht mehr hinterfragt wird. Umgekehrt wird das alltägliche Verhalten jedes und jeder Einzelnen sehr stark von dieser »Selbstverständlichkeit« geprägt. Das bedeutet aber auch, dass manche Strukturen oder Vorgaben trotz vehementen Einforderns seitens mancher Mitarbeiterinnen und Mitarbeiter vielleicht nicht umgesetzt werden können, weil das den derzeit bewusst und unbewusst gelebten Werten widerspricht.

Sie sehen: Je nach Unternehmenskultur erleben Mitarbeiterinnen und Mitarbeiter das Unternehmen unterschiedlich. In einem Unternehmen funktioniert das Ergebnisorientierte, aber nicht die Zusammenarbeit. Beim nächsten Unternehmen verstehen alle die Werte und Strategie, aber übernehmen keine Verantwortung. Jede Kultur hat ihre Entwicklungsfelder und ihre Stärken.

»Performance Culture« – Veränderungen erkennen und verankern

Auch eine Unternehmenskultur ist ständig im Wandel. Schenkt man ihr wenig Beachtung, geschieht dieser Wandel langsam und relativ unkontrolliert. Kluge Organisationsleitungen sehen der Wahrheit ins Auge und machen sich bewusst Gedanken über notwendige Veränderungen, die mit gezielten Maßnahmen dann auch relativ schnell greifen können.

Eine aktive Auseinandersetzung mit der sogenannten »Performance Culture« bringt Unternehmen dazu, Entwicklungsfelder zu erkennen, die – wie der Name schon sagt – in einer besseren Performance münden. Wir haben also wieder den Bogen zurück zum Erfolg und zum dazu notwendigen Leadership gespannt.

Bei der »Performance Culture« wird der Blick aber nicht nur in die Zukunft gerichtet. Es wird auch aufgezeigt, wo die Stärken des Unternehmens liegen und was diese an konkreten Erfolgen gebracht haben. Kurz gesagt: Das, was gut funktioniert hat, wird weiterhin und bewusster wertgeschätzt.

Die wesentlichen Einflussfaktoren auf eine »Performance Culture«

- **Entwicklungsfähigkeit:** Jedes Unternehmen sollte Veränderungen offen gegenüber sein und die Menschen in der Organisation sollten mit Veränderung gut umgehen können. Das bedeutet, dass Neuerungen wenig Widerstand entgegengebracht wird. Auf der anderen Seite gibt es Unternehmen, die der prinzipiellen Meinung sind, dass sich die Zielgruppen und der Markt nicht ändern. Für aufmerksam Beobachtende ist das ein deutliches Zeichen für fehlende Entwicklungsbereitschaft.
- **Innovation:** Dieses Wort war in Unternehmen noch nie so beliebt und von Aktivitäten begleitet wie jetzt. Innovatives Herangehen und aktives Hinterfragen der eigenen Produkte führen dazu, dass man den Markt besser bedienen kann.
- **Kommunikation:** Die Wichtigkeit von Kommunikation muss man nicht groß erklären. Hier aber ein paar essenzielle Detailfragen dazu, deren Antworten Aufschlüsse über die Qualität der Kommunikation geben können:
  - Werden Informationen wirklich an alle Mitarbeiter und Mitarbeiterinnen weitergegeben?
  - Ist das Unternehmen transparent und darin geübt, mit guter und schlechter Kommunikation umzugehen?
  - Verstehen auch alle die Informationen, die weitergegeben werden?

- **Zusammenarbeit:** Dieser Bereich macht oft bei sehr festgefahrenen Strukturen Probleme. Hier geht es sehr stark um das gegenseitige Unterstützen bei der täglichen Arbeit und um das gemeinsame Agieren im Sinne des gesamten Unternehmens. Werden Informationen weitergegeben, die dazu führen, dass für alle ein reibungsloses Vorankommen gesichert ist?
- **Balance:** Gibt es einen bewussten Umgang und ein Verständnis für die Balance jeder Mitarbeiterin und jedes Mitarbeiters in Bezug auf geistige und körperliche Gesundheit sowie ein gesundes Arbeitsumfeld?
- **Werte und Strategie:** Ist allen Menschen im Unternehmen bewusst, welche Werte im Unternehmen wichtig sind, und werden diese auch gelebt? Gibt es klar definierte Konsequenzen, wenn bestimmte Werte nicht gelebt oder sogar bekämpft werden?
- **Verantwortungsbewusstsein:** Ohne Verantwortung keine »High Performance«! Wenn Führungskräfte und Mitarbeitende keine Verantwortung für ihr Handeln und ihre Entscheidungen übernehmen, werden sie nie lernen, mit einem Scheitern oder auch mit dem Unternehmen selbst verantwortungsvoll umzugehen.
- **Ergebnisorientierung:** Viele Führungskräfte denken noch immer, dass Anwesenheit gleich Leistung ist, und diese Gleichung jede weitere Vereinbarung oder Maßnahme überflüssig macht. Doch solange keine klaren Ergebnisse und Ziele vereinbart sind, können diese auch nicht erreicht werden.

Wenn all diese Bereiche von Unternehmen ernst genommen und entwickelt werden, sprechen wir von einer »High Performance Culture«, die nicht nur enormen Raum für künftige Entwicklungen schafft, sondern sogar in schlechten Zeiten immer noch Performance liefert.

Warum können wir das mit einer derartigen Sicherheit behaupten? Dieses Erfolgsmodell ist erprobt und führt in der Regel zu folgenden Phänomenen bei Mitarbeiterinnen und Mitarbeitern eines Unternehmens:

- außergewöhnliches persönliches Engagement in Bezug auf Innovation
- steigendes Bedürfnis, gemeinsam etwas zu bewegen und miteinander zu wachsen

- hohe Bereitschaft, sich miteinander auszutauschen und voneinander zu lernen
- schnelle Reaktion bei Veränderungen und eine positive Grundeinstellung zu Wandel
- gegenseitige Unterstützung
- hohe Loyalität gegenüber Kolleginnen bzw. Kollegen, Kundinnen bzw. Kunden und dem Unternehmen selbst
- wertschätzender Umgang miteinander
- Bereitschaft und leidenschaftlicher Einsatz für eigene Höchstleistungen
- hohe Bereitschaft, Extrazeit und Aufwand zu investieren
- Unterstützung dabei, die Unternehmenswerte nach außen hin sichtbar zu machen
- spürbarer Stolz auf das gelebte Wertesystem und den Ruf des Unternehmens

All diese Phänomene sind der größte Nutzen einer »High Performance Culture«.

Nicht alle begrüßen den Wandel

Vielleicht fragen Sie sich jetzt langsam, was das alles mit Leadership zu tun hat. Die Antwort liegt auf der Hand: Jedes Unternehmen wird von Menschen geführt und geleitet. Doch Menschen agieren erwiesenermaßen nicht immer auf der Basis von Vernunft und/oder Wissen.

Obwohl viele Unternehmerinnen und Unternehmer wissen, dass eine gelebte »High Performance Culture« zu weniger Fluktuation und Krankenständen führt und man als Unternehmen mit gutem Ruf eher die besten Expertinnen und Experten vom Markt bekommt, sind es letztlich immer noch einzelne Führungskräfte, die dafür sorgen, eine neue Kultur zu etablieren – oder eben auch nicht.

Wir sprechen hier von einem bestimmten Aspekt des »Faktors Mensch«, an dem schon viele Unternehmen, die mit großen Ambitionen und Leidenschaft in einen Wandel aufgebrochen sind, letztlich gescheitert sind: an den Befindlichkeiten einzelner Personen an Schlüsselstellen, die sich – aus welchen Gründen auch immer – dazu entschließen, der Etablierung einer »High Performance Culture« skeptisch und bremsend gegenüberzustehen und diese Haltung auch innerhalb ihres Bereichs und im täglichen Umgang mit ihren Mitarbeiterinnen und Mitarbeitern entsprechend vorzuleben.

Unsere Position dazu zu erkennen, ist keine Raketenwissenschaft. In unserer Arbeit und auch mit diesem Buch vertreten wir einen klaren Standpunkt: Die starr hierarchische Führung hat ausgedient. Es braucht neue Führungsbilder und -rollen, um den geänderten Realitäten gerecht zu werden. Oder anders gesagt: An einem Wandel führt kein Weg vorbei. Um auch in Zukunft Erfolg zu haben, muss sich ein Unternehmen entwickeln und das nächste Level erreichen – egal, ob Sie den neuen Weg selbst gehen oder Ihre Führungskräfte sich auf den Weg machen sollen.

Es gibt hier nichts »auszusitzen« oder abzuwarten. Viele »moderne« Arbeits- und Erfolgsmodelle sind nur mit neuem Führungsverhalten möglich. Der Weg dahin ist herausfordernd, aber äußerst spannend. Genießen Sie ihn!

Das ungepflegte Gehege

»Das wird nie funktionieren«, sagte Frau Himmelblau und schenkte ihrem Mann am Frühstückstisch noch etwas von ihrem Spezial-Kaffee ein.

Herr Himmelblau murrte anerkennend: »Unser Kaffee ist einfach der Beste.«

Es war alte Familientradition, dass dem Frühstückskaffee der Himmelblaus stets eine Prise Zimt hinzugefügt wird. Nicht viel, aber gerade so viel, dass man den Unterschied merkt und schätzt.

»Lenke nicht vom Thema ab! Ich bleibe dabei: Das wird nie funktionieren!«, blieb die Gattin hart. »Und ich weiß auch gar nicht, wie du wieder auf diese verrückte Idee kommst!«

Herr Himmelblau setzte sich in seinem Sessel auf - eine Haltung, die er stets unbewusst einnahm, wenn er sich überzeugend rechtfertigen wollte. »Ich erkläre es dir noch einmal. So schwer ist das nicht! Wenn ich in unserem Garten ein frei zugängliches Gehege errichte, das völlig im Einklang mit der Natur steht, dann wird es hier bald von Wildtieren nur so wimmeln, an deren Anblick wir uns erfreuen können.«

Frau Himmelblau nahm ihre unbewusste Überzeugungshaltung ein – in die Hüften gestemmten Hände – und sah ihren Gatten herausfordernd an. »Und dein Im-Einklang-mit-der-Natur-Stehen bedeutet, wie ich dir jetzt schon mehrmals klarzumachen versuche, dass du lediglich ein kleines offenes Gatter aufstellst und auf ein Wunder hoffst, das nicht eintreten wird.«

»Sehr richtig ... also der erste Teil. Keine Wasserschüssel, kein Futter, kein aufgeschüttetes Stroh, keine Hütte. Nur Natur. Da fühlen sich Wildtiere wohl.«

Frau Himmelblau stellte eine neue Kanne Kaffee auf den Tisch. »Das erinnert mich an dein damaliges Experiment, als du Bambus angepflanzt hast, um Koalas anzulocken. Diesmal ist es nur aus anderen Gründen aussichtlos.«

»Wieso? Ich bin sicher, dass es hier Wildtiere gibt.«

»Und weshalb sollen diese ausgerechnet auf unser eingezäuntes Stück Wiese kommen?«

Herr Himmelblau verdrehte die Augen: »Zum letzten Mal: weil es so schön naturbelassen ist. Unser Gras wächst hier seit ...« – er dachte kurz nach – »... 19 Jahren völlig unbehandelt.«

»Aber dir ist schon bewusst, dass unser Grundstück an einen Wald angrenzt, der hier seit ...« – sie tat kurz so, als ob sie nachdenken würde – »... Hunderten Jahren völlig von selbst und ... Achtung! ... wild wächst. Wo, denkst du, werden sich Wildtiere lieber aufhalten?«

Herr Himmelblau tat beschäftigt, um sich Zeit für Gegenargumente zu verschaffen. »Man muss für alles offen sein, speziell für neue Ideen, die vielleicht auf den ersten Blick völlig unlogisch erscheinen. Das habe ich in einem Buch gelesen.«

»Das gilt aber nur für Ideen, die zumindest im Ansatz Erfolg versprechen und noch nicht mehrmals erfolgslos ausprobiert wurden.«

Herr Himmelblau trank seinen letzten Schluck Kaffee und begnügte sich mit einem Schulterzucken.

Frau Himmelblau schenkte sich den frisch aufgebrühten Kaffee ein und sprach unbeeindruckt weiter. »Ich fasse für dich kurz deine bisherigen Versuche zusammen, außergewöhnliche Tiere in unseren Garten zu locken: Du hattest entweder eine Umgebung für Tiere geschaffen, die in unseren Breiten nicht existieren, oder hattest Lockmittel ausgelegt, die Ratten, Mäuse und Marder in Massen angezogen haben, die dann unseren Garten überbevölkert und verwüstet haben. Danach mussten wir viel Geld ausgeben, um die Schädlinge wieder loszuwerden.«

Herr Himmelblau schaute demonstrativ in die andere Richtung.

Aber seine Gattin war noch nicht fertig: »Jetzt willst du gar nichts tun und rechnest damit, dass demnächst Einhörner majestätisch unter unserem Apfelbaum grasen.«

»Pfff, Einhörner! Ist es zu viel verlangt, wenn ich Bienen, Eichhörnchen und Vögel sehen will?!«

»Nein, aber dann würde ich es an deiner Stelle mit Wildblumen, Nüssen oder Vogelhäuschen versuchen – also mit wertvollen Angeboten, die diese Wildtiere tatsächlich brauchen und die sie von einem Platz, an dem sie gern verweilen sollen, auch erwarten.«

Frau Himmelblau schenkte ihrem Gatten frischen Kaffee ein.

Dieser nahm einen Schluck, riss die Augen auf und sagte empört: »Da fehlt aber was!«

Frau Himmelblau ging lächelnd zurück in die Küche, um den Zimt zu holen, und sagte lächelnd: »Siehst du?«

Stellen Sie sich folgende Fragen:

- In welchem Umfeld bewege ich mich?
- Wie ist mein Team oder meine Organisation aufgestellt? Was brauchen ich im Moment, um mehr Klarheit zu haben?
- Was will ich in der Organisation beitragen, um eine bessere Kultur zu erhalten?
- Wo liegen meine Entwicklungsfelder im Team?

Je deutlicher man erkennt, in welchem Umfeld man agiert, desto leichter und effizienter kann man es führen. Gleichzeitig gewinnt man die Erkenntnis, dass man nicht alles beeinflussen kann. Jeder Leader stößt an Grenzen.

Aus dem Bauch heraus führen – Instinkte als verlässlicher und trügerischer Kompass

Nun sind wir also dort, wo es in einem Führungsbuch klarerweise hingehen muss: Sehr viel dreht sich bei diesem Thema um das, was uns Menschen motiviert, antreibt und handeln lässt. Nicht umsonst sind so viele Shakespeare-Dramen rund um das Leben von Führungspersönlichkeiten, Anführern und Königen gestrickt.

Die essenziellen menschlichen Fragen sind sehr oft unmittelbar mit dem Führungsthema und der Art unseres Handelns verbunden:

- Warum tun wir etwas?
- Was ist der Sinn dahinter?
- Was können wir beeinflussen?
- Warum können wir manche Dinge nicht beeinflussen?

Vielleicht sind wir beruflich nicht alle in Positionen, in denen wir mit der Führung anderer betraut sind, aber dennoch sind wir alle Teil eines Gefüges, in dem Führung eine wichtige Rolle spielt: Das System »Mensch – Unternehmen – Mitarbeitende« weist jedem zu jedem Zeitpunkt eine Rolle zu, in der man im Laufe der Zeit positive und negative Erfahrungen macht. Lassen Sie uns diese gesammelten Erfahrungen als »persönlichen Rucksack« betrachten, den wir alle mit uns herumtragen.

Warum das wichtig ist? Dieser Rucksack ist nicht nur ein ständig wachsender Erfahrungsschatz, sondern auch eine wesentliche Grundlage für unsere Entscheidungen – auch wenn uns Letzteres vielleicht gar nicht so wirklich bewusst ist. Ein konkretes Beispiel: Wir umgeben uns bevorzugt mit Menschen, die uns an Menschen erinnern, die wir mit einer positiven Assoziation abgespeichert haben.

Aber es gibt auch andere typische Situationen: Wir entscheiden uns für Mitarbeiterinnen und Mitarbeiter, die uns womöglich an uns selbst in dieser Phase unserer Karriere erinnern, und wir arbeiten in Organisationen, die uns aus welchen Gründen auch immer ein gutes Gefühl vermitteln. Das ist für sich betrachtet nichts Verwerfliches, aber es schränkt uns in unserer Wahlfreiheit ein, indem es unseren Instinkt und unsere Fähigkeit zur kritischen Selbstreflexion mit warmen Gefühlen des Bekannten überspült und sehr oft überstimmt.

Wir schalten also – ganz wie so mancher tragische shakespearesche Held – vor lauter Freude über Bekanntes oder Ersehntes und dem daraus resultierenden Überschwang schon einmal unser Bauchgefühl und unser Denken aus. Wir folgen dann unbewusst unseren Erfahrungen und halten uns an bereits beschrittene Wege. Das erscheint uns sicher, vernünftig und klug – ist aus Perspektive unserer Führungstypen aber eine klassische risikoarme »Manager«-Entscheidung.

Auch wenn sich etwas im Moment vielleicht wie eine Bauchentscheidung anfühlt, ist es keine. Es hat eher mit der Furcht vor dem Unbekannten zu tun, die ein Leader nie treffen würde. Denn Leader gründen ihre Entscheidungen – wie wir bereits wissen – auf Mut und Furchtlosigkeit vor dem Neuen, dem Unbekannten, dem Unpopulären, der Herausforderung, dem Aufwand etc.

Der Beinah-Gipfelsturm

Am Fuß eines mittelhohen Berges in den Alpen – bei strahlendem Sonnenschein macht sich eine Gruppe ambitionierter Hobbywanderer auf den Weg – angeführt von einem 45-Jährigen, der im Dorf als »Edelweiß-Sepp« bekannt ist. Er schreitet forsch voran.

Ein Gruppenteilnehmer aus Hamburg nähert sich und spricht ihn an: »Schöne Aufnäher haben Sie da auf Ihrem Hut.«

Sepp antwortet: »Jo, i bin scho oft wo drobn gwesen.«

Hamburger: »Wie bitte?«

Sepp bemüht sich, Hochdeutsch zu sprechen: »Ich war schon oft auf Bergen.«

Hamburger: »Dann sind Sie ja wohl eine Koryphäe.«

Sepp: »Wos ... Wie bitte?«

Hamburger: »Als Koryphäe bezeichnete man im alten Griechenland jemanden, der an der Spitze steht. Und interessanterweise bedeutet es auch Scheitel oder Gipfel.«

Sepp: »Aha.«

Hamburger: »Apropos: Wie lange werden wir denn zum Gipfel unterwegs sein?«

Sepp: »Da Hupfnakogel is a Hund.«

Hamburger: »Wie bitte?«

Sepp – wieder in bemühtem Hochdeutsch: »Der Hupfnerkogel ist ein Hund.«

Hamburger: »Das beantwortet aber nicht meine Frage.«

Sepp: »I waß net, ob des überhaupt was wird.«

Hamburger: »Was reden Sie da? Es ist doch herrlicher Sonnenschein... Kaiserwetter, wie ihr hier sagt!«

Sepp: »Ehh.«

Hamburger: »Jetzt erklären Sie sich doch, guter Mann!«

Sepp: »Do hinten kummt a Wetter.«

Hamburger: »Wo?«

Sepp deutet mit dem Kopf in Richtung eines Bergkamms: »Do hinten. Des gfoit ma net.«

Der Hamburger sucht den Himmel ab: »Also ich kann da beim besten Willen ...«

Sepp: »Sie san jo a ka ... wie ham Sie gsagt ...?«

Hamburger: »Koryphäe.«

Sepp: »Genau.«

Hamburger: »Ja, aber was heißt das jetzt? Meine Familie und ich haben uns schon so auf den Ausblick vom Gipfel gefreut ... und dafür ja auch eine schöne Stange Geld bezahlt. Bekommen wir das dann wieder?«

Sepp lacht: »Na, des geht net. I bin ja net fürs Wetter verantwortlich.« Und nach kurzer Pause: »Aber der Ausblick vom Graualm-Hüttenwirt is ja a schön.«

Hamburger: »Von wo?«

Sepp: »Da kemma ei'kehrn.«

Hamburger: »Wie bitte?«

Sepp – wieder in bemühtem Hochdeutsch: »Da können wir uns erfrischen ... und vor dem Wetter schützen.«

Hamburger: »Vor welchem Wetter?«

Sepp deutet wieder nur stumm mit dem Kopf zum blauen Himmel über dem Bergkamm.

Hamburger: »Ah ja, DAS Wetter. Dann sage ich das mal lieber den anderen.« Er lässt sich zurückfallen und spricht mit den anderen Wanderern.

Zwei Stunden später sitzt die Gruppe auf der sonnenüberfluteten Terrasse der Graualm und ordert – auf Anregung des »Edelweiß-Sepp« – große Mengen Bier.

»Die erste Runde geht auf Edelweiß-Sepp-Alpintours«, brüllt der Bergführer in die Runde – eine Ansage, die von der deutschen Urlaubergruppe mit großem Gejohle beantwortet wird. Nach und nach legt sich auch die Enttäuschung über den abgesagten Gipfelsturm.

Ein paar Runden später ist von dem befürchteten Unwetter noch immer nichts zu sehen. Im Gegenteil: Viele Gruppenmitglieder haben ihre Jacken ausgezogen und es sich in den bereitstehenden Liegestühlen bequem gemacht.

Nur einer aus der Gruppe, der Hamburger, hat das ursprüngliche Ziel des Projekts noch nicht vergessen: »Sagen Sie mal, könnten wir nicht jetzt noch hinauf zum Gipfel?«

Sepp: »Des geht sie nimma aus.«

Hamburger: »Wie?«

Sepp: »Es wird dann glei' dunkel.« Er deutet dazu stumm mit dem Kopf auf den gegenüberliegenden Bergkamm.

Hamburger: »Mensch, Sie sind aber wirklich eine alpine Koryphäe. Da ziehe ich meinen Hut.«

Sepp blickt auf die kleine Speisekarte der Hütte: »Vielleicht sollt' ma vor dem Abstieg noch ein Mittagessen einnehmen.«

Systemisches Denken – den Mut des Leaders in sich selbst finden

Was braucht es, um mutig genug zu sein, den ersten Weg, den uns die Angst vorschlägt, NICHT zu nehmen, sondern in uns selbst andere Möglichkeiten auszuloten? Wo in uns sitzt der verlässliche Kompass bzw. der Instinkt für die wirklich beste Lösung in einer Situation? Was hilft uns dabei, nicht nur aufgrund des bereits Erlebten zu entscheiden? Wo ist die Tür zum systemischen Denken, die es dafür aufzustoßen gilt?

Lassen Sie uns dazu ein wenig in die Theorie gehen und erforschen, was bekannte Denker dazu meinen: Biologen wie Humberto Maturana und Francisco Varela zählen ebenso zum systemischen Wissensfeld wie der Physiker Fritjof Capra, der Mathematiker und Physiker Heinz von Förster, der Kommunikationswissenschaftler Paul Watzlawick und die Gehirnforscher Gerhard Roth, Joachim Bauer und Gerald Hüther.

Was ist das Besondere am systemischen Denken und warum ist es gerade hier so wichtig? Es unterscheidet ganz klar nicht lebende Systeme (Maschinen und Technik), lebende Systeme (Organismen, Tiere, Pflanzen, Ökosysteme und Menschen) und soziale Systeme (Paare, Gruppen und Organisationen). Das erscheint vielleicht selbstverständlich und logisch. Dennoch war es nicht immer so. Lange Zeit – und wir reden hier von wirklich langer Zeit – wurden in der Denk- und Verhaltensforschung auch lebende Systeme als »Maschinen« betrachtet. Dementsprechend drehte sich in der Auslotung des menschlichen Verhaltens das meiste um technische Prozesse, Abläufe und ein fertiges Endprodukt (Ziel).

Das systemische Denken – als Zusammenspiel von Kybernetik, Konstruktivismus und Systemtheorie – änderte die Denkrichtung: Die Kybernetik erforscht selbst organisierte Steuerungsprozesse und die vielfältigen und unberechenbaren Wechselwirkungen in einem System. Allerdings können Menschen meist Ursache und Wirkung nicht unterscheiden – sie wissen daher auch nicht, warum sie so handeln, wie sie handeln. Im Bemühen, eine Ursache zu erkennen, vertrauen sie dann eher auf ihren Intellekt anstatt auf ihre Instinkte. Wem aber die Ursache seines Handels bewusst ist, der kann auch sein Verhalten verändern.

Sehen wir uns zur besseren Veranschaulichung ein Beispiel aus der Medizin an: Wenn Sie nicht wissen, woher Ihre Kopfschmerzen kommen, haben Sie auch keine Ahnung, was Sie verändern könnten. Wissen Sie aber, dass die Kopfschmerzen von Verspannungen – und nicht vom Kopf selbst – herrühren, wissen Sie: Eine Massage und mehr Bewegung wären hilfreich. Sie könnten auf Basis der bekannten Ursache Ihr Verhalten verändern, damit Sie eine andere Wirkung (weniger Kopfschmerzen) erzielen.

Genauso ist es in der Führung. Wenn Sie wissen, warum Sie handeln, wie Sie handeln – z. B. auf einen bestimmten Mitarbeiter aggressiv reagieren –, sind Sie in der Lage, sich anders zu verhalten. Ohne bewusste Grundlagenforschung fällt Ihnen vielleicht auf, dass Sie sich unfair dieser Person gegenüber verhalten. Wenn Sie aber wissen, dass das permanente Zuspätkommen des Kollegen der Grund ist, würden Sie andere, sinnvollere Handlungsansätze erkennen. Dann würde es Ihnen höchstwahrscheinlich sinnvoller erscheinen, mit dem Mitarbeiter ein Gespräch über Pünktlichkeit, Verlässlichkeit und Disziplin zu führen.

Aber das ist nicht das Ende der Erkenntnis. Im Rahmen eines solchen Gesprächs wäre es auch sinnvoll, die Ursache der permanenten Unpünktlichkeit herauszufinden, um das Verhalten des Mitarbeiters zu verändern. Schließlich macht es einen großen Unterschied, ob er zu spät kommt, weil die Tochter nicht rechtzeitig in den Kindergarten gehen will oder weil er sich die Nächte um die Ohren schlägt und in der Früh nicht in die Gänge kommt.

Systemtheorie beinhaltet aber auch den Konstruktivismus, der alles noch ein wenig komplexer macht. Alles basiert auf den essenziellen Fragen der Erkenntnistheorie:

- Haben wir direkten Zugang zu der Realität, die uns umgibt?
- Können wir die Welt wirklich direkt erkennen?

Der Konstruktivismus verneint beides und behauptet stattdessen, dass Wahrnehmungen (auch als Instinkte zu bezeichnen) nicht die tatsächliche Wirklichkeit, sondern lediglich Selektionen und Interpretationen unseres Gehirns sind, die wir auf Basis unserer Erfahrung treffen. Dieses von uns selbst unbewusst ausgewählte subjektive »Konstrukt« hat also nicht unbedingt etwas mit der äußerlichen Realität zu tun.

Wen dieses spannende Thema näher interessiert: Die Bücher von Paul Watzlawick sind weltberühmte Pionierarbeit auf diesem Gebiet und wärmstens zu empfehlen.

Aber bleiben wir beim Thema Führung: Der Konstruktivismus stellt einen unangenehmen Abschied von Objektivität, Wahrheit und Wirklichkeit dar. Für eine Führungskraft bedeutet das nämlich: Sie hat keine bessere oder »wahrhaftigere« Sichtweise auf die Dinge als ihre Mitarbeiterinnen und Mitarbeiter. Die Perspektive ist nur … anders.

Noch einmal zum Auf-der-Zunge-zergehen-Lassen: Alle Menschen haben somit – egal ob Führungsposition oder nicht – eine rein subjektive Wahrnehmung, die niemals einen Anspruch auf ein »Besser, Klüger oder Richtiger« erheben kann. Wenn Sie das nächste Mal in einer Situation sind, in der jemand vehement auf sein Recht pocht (oder in der Sie sich selbst dabei ertappen), denken Sie an den Konstruktivismus. Dann kommt die Bescheidenheit von ganz allein.

Schauen wir uns noch kurz die Systemtheorie als dritten Bestandteil des systemischen Denkens an, die wesentlich von dem deutschen Soziologen und Gesellschaftstheoretiker Niklas Luhmann geprägt wurde: Hier dreht sich alles um soziale Systeme und kommunikative Zusammenschlüsse von Menschen. Die zentrale Botschaft: Menschen, Mitarbeiterinnen/Mitarbeiter und Führungskräfte, werden nicht als Elemente von Organisationen, sondern als relevante Umwelt des Systems gesehen.

Das stellt – Sie haben es wahrscheinlich schon geahnt – einen weiteren radikalen Bruch mit den ansonsten üblichen Vorstellungen des Zusammenspiels von Personen und Organisationen dar. Die Idee dahinter kann man aber noch radikaler formulieren: Der Mensch ist möglicherweise austauschbar und ein System (bzw. eine Position) lässt sich durch einzelne Personen nicht verändern.

Was bedeuten all diese Hintergründe jetzt konkret für Sie als Führungsperson? Lassen Sie uns Ihnen eine kompakte Zusammenfassung geben:

- Lebende Systeme – also Systeme mit menschlicher Beteiligung – sind eigensinnig, selbstgesteuert, unberechenbar und zu ungeahnten Entwicklung fähig.
- Allzu starre Führung kann nach hinten losgehen.
- Wenig bis gar keine Führung kann zum Chaos führen.

- Wir Menschen unterscheiden uns hier sehr stark von nicht lebenden Systemen (Maschinen), deren lineare und mechanistische Logik unglücklicherweise das Weltbild der letzten 500 Jahre geprägt hat.

Unglücklicherweise? Aus gegenwärtiger Sicht ja, denn leider hat dieses Denken dazu geführt, dass wir unsere Instinkte verdrängt haben. Da Organisationen jedoch nicht wie Maschinen funktionieren, entgeht einem ohne sensible Instinkte Wesentliches – in einer Gruppe, in einem Team, in einer Abteilung oder auch in der Unternehmensführung.

Die gute Nachricht: Der Instinkt lässt sich wieder einschalten und nützen! Doch das erfordert, dass Sie einen ehrlichen Blick in sich selbst wagen und dort an ein paar »Schrauben« drehen.

Auch wenn wir Menschen und keine Maschinen sind, haben wir im metaphorischen Sinn ein paar »Knöpfe«, die wir selbst unbewusst drücken und die uns, anstatt nur instinktiv zu fühlen, auch immer wieder denken und handeln lassen.

Werfen Sie Ihren persönlichen Ballast ab!

Als Menschen halten wir in den verschiedenen Phasen unseres Lebens nur selten inne und stellen uns die Frage, warum wir eigentlich sind, wer wir sind. Wir versuchen uns so gut wie nie jene Erfahrungen in Erinnerung zu rufen, die uns geprägt haben. Wir sind selten willens dazu, ausgiebig in den Rückspiegel zu blicken und den Ursprung jener Aspekte von uns selbst zu lokalisieren, von denen wir glauben, dass sie »angeboren« wurden. Aber dass es da Schlüsselerlebnisse, Erziehungserfolge, Aha-Momente, Autoritäten und Geschichten geben muss, liegt auf der Hand – oder besser gesagt in unserem Gehirn.

Das Gehirn ist unser zentrales Organ, in dem menschliche Erfahrungen gespeichert werden. Der Mensch kommt mit einer Vielzahl angeborener Instinkte zur Welt und muss diese jeweils seiner Umwelt – seinen sozialen Systemen – anpassen. Dabei kann er motiviert oder enttäuscht werden. Das bedeutet: Wir verhalten uns in verschiedenen Umgebungen möglicherweise anders, weil wir unterschiedliches Feedback auf unser Verhalten erhalten.

Instinkte sind keine genetischen Urtriebe, nichts Esoterisches, Unkontrollierbares oder sogar Irrationales. Vielmehr spielen viele unterschiedliche Kräfte zusammen, die Instinkte in uns entstehen lassen. Und bei diesen Instinkten geht es immer (noch) ums Überleben. Da wir aber keine Jäger mehr sind, »kämpfen« wir heute gegen andere Gefahren: Es geht um unser psychisches, soziales, wirtschaftliches und berufliches Überleben.

Aber lassen Sie uns ein wenig in die Theorie gehen, damit all das als Bestandteil unseres Arbeitslebens verständlicher wird: Welche Instinkte sind tatsächlich angeboren und was erleben wir unmittelbar über unsere Erfahrungen?

Instinktverhalten ist die Motivation, der Drang und die Tendenz eines Menschen, auf bestimmte Art auf etwas zu reagieren. Ein Großteil dieses Instinktverhaltens ist tatsächlich angeboren und besteht aus verschiedenen Verhaltensbausteinen. Diese »Instinktbewegungen« werden vom Körper kontrolliert und lassen uns – wie der Name schon sagt – instinktiv handeln. Ausgelöst werden sie von Schlüsselreizen, die wiederum von unserer Wahrnehmung ausgelöst werden.

Diese angeborenen instinktiven Handlungen sind permanenter Bestandteil unseres Lebens. Allerdings laufen sie so schnell ab, dass wir sie nicht bewusst wahrnehmen. Unsere Reflexe sind – wenn es um Gefahr, Atmung und Nahrungsaufnahme geht – in der menschlichen Grundausstattung enthalten und laufen sehr ähnlich ab. Wenn es jedoch um Reaktionen auf unsere Umwelt geht, entwickeln wir im Laufe der Zeit eigene Reflexe und bauen darauf unser individuelles Instinktverhalten auf.

Was unseren Instinkt darüber hinaus prägt, ist erworbenes Verhalten, das wir uns von klein auf aneignen. Sprechen, Laufen und komplexere Bewegungen bekommen wir nicht über die Gene mit, sondern wir müssen es selbst erlernen – genauso wie das Verstehen von Zusammenhängen und soziales Verhalten.

Wir eignen uns also Wissen an und kombinieren dieses Wissen, um bei ähnlichen Problemen das Erlernte und Verstandene neu anzuwenden bzw. zu erweitern. Ebenso lernen wir den Umgang mit Menschen durch den Umgang mit Menschen. Was letztendlich dabei herauskommt, ist also in großem Maße davon abhängig, welche Umgebung und welche Menschen auf uns Einfluss genommen haben (Erziehung, Familie, Schule) bzw. welchen Menschen wir Einfluss gegeben haben (Freunde, Vorbilder, Idole).

Ihr Leben – Ihr Rucksack – Ihr Instinktrepertoire

Stellen Sie sich alle diese Einflüsse Ihres bisherigen Lebens vor und stecken Sie diese gedanklich in einen großen Rucksack. Aus diesem Rucksack heraus wirken alle Ihre Verhaltensmuster, wenn Sie instinktiv handeln. Sie sehen: Instinkt ist keine reine Bauchsache und kein Überbleibsel im Reptiliengehirn. Er ist zu einem großen Teil »hausgemacht« und sehr persönlich. Die gute Nachricht: Sie können bestimmen, was Sie in Zukunft in Ihren Rucksack packen!

Das menschliche System ist auf Wahrnehmung ausgelegt: Was wir bei anderen Menschen oder in unserer Umgebung wahrnehmen, gleichen wir mit unseren inneren Erfahrungen ab. Erhebt jemand die Hand gegen uns, werden wir reflexartig unsere Hände zum Schutz vors Gesicht halten. Finden wir uns in einem unangenehmen Gespräch wieder, in dem wir angebrüllt werden, kramen wir, metaphorisch gesprochen, in der »Soziale-Erfahrungen-Sektion« unseres Rucksacks. Haben Sie schon früh gelernt, sich gegen verbale Angriffe zu wehren, werden Sie Ihrem Gegenüber schnell klarmachen, dass Sie nicht so mit sich umspringen lassen. Gab es in Ihrer Kindheit jedoch Menschen, die Ihnen gegenüber regelmäßig laut wurden, werden Sie womöglich eine passive Schutzhaltung einnehmen und die Tirade still und gebückt über sich ergehen lassen.

Sie sehen: Dieser Rucksack ist auch für Führungskräfte ein wichtiger Referenzpunkt, den es zu beachten gilt. Bereits mit 30 oder 35 Jahren hat eine Führungskraft eine Menge positive und negative Erfahrungen gemacht, die in ihrem Rucksack programmiert sind. Jeder Mitarbeitende, der mit seinem Verhalten an diese Erfahrungen erinnert, löst unweigerlich instinktive Reaktionen aus, die im Moment vielleicht als gut und richtig empfunden werden – aber deswegen nicht unbedingt die besten Entscheidungen sind.

Wir reagieren auf gegenwärtige Erlebnisse instinktiv so, wie ähnliche frühere Erfahrungen uns geprägt haben.

Aber natürlich ist das nur eine Seite des Ganzen: Denn schließlich tragen nicht nur Führungskräfte, sondern alle Menschen ihre persönlichen Rucksäcke. Somit treffen in Wahrheit bei jeder zwischenmenschlichen Begegnung Rucksack auf Rucksack bzw. persönliche Erfahrungen auf persönliche Erfahrungen. Unbewusst in Kauf genommen ergibt das einen Emotionsbaukasten ohne Anleitung, der Sympathie, Hass, Gleichgültigkeit, Anziehung, Unbehagen und viele andere Dinge zwischen zwei Menschen hervorbringen kann.

Das alles passiert dank der menschlichen Spiegelneuronen in Sekundenbruchteilen und manchmal sogar, ohne dass dabei ein einziges Wort gewechselt werden muss. Menschen sind in der Lage, ihre Rucksäcke in wenigen Momenten abzugleichen und dadurch zu erkennen, ob ihnen ihr Gegenüber sympathisch ist oder nicht.

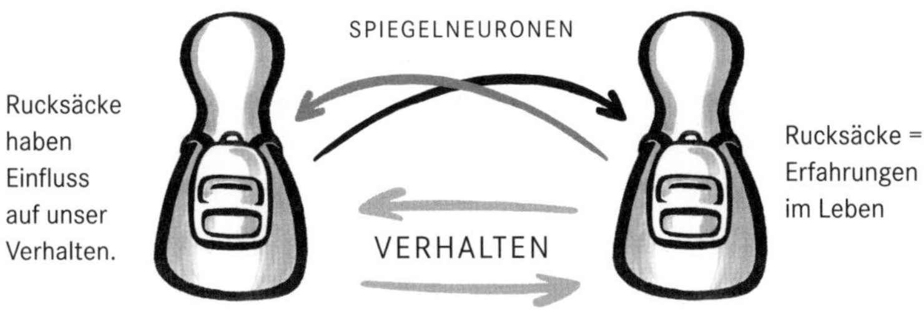

Wir gleichen in den ersten MInuten unseres Aufeinandertreffens Rucksäcke ab.

Instinktiv auf der Suche nach sich selbst

Aber warum erzählen wir Ihnen das an dieser Stelle und was hat das denn nun mit Führungsverhalten zu tun?

Es ist nicht nur wichtig für Sie, dass Sie erkennen, dass Sie einen persönlichen Instinkt-Rucksack mit sich herumtragen, wie sie ihn im Laufe der Zeit zusammengestellt haben und wie er unbewusst ihr Verhalten beeinflusst – für Sie als (angehende) Führungskraft ist es besonders wichtig, dass Sie auch erkennen, wie maßgeblich er alle Ihre Entscheidungen beeinflusst.

Ein Beispiel: Wenn Führungskräfte ihr Team personell zusammenstellen bzw. verändern oder aufstocken, hat dieser Rucksack meistens eine sehr maßgebliche Funktion. Üblicherweise endet der Prozess damit, dass das Team in seiner Gesamtheit nicht sehr viel anders tickt als der Chef selbst. Oder anders formuliert: Aufgrund ähnlicher Hintergründe, Ansichten, Erfahrungen und Weltbilder kommt man gut miteinander aus.

Ist das gut? Auf den ersten Blick schon. Wer fühlt sich nicht gerne wohl und wertgeschätzt in einer Gruppe? Aber wenn man ein bisschen hinter den Wellnessaspekt der Entscheidung blickt (oder blicken lässt), zeigt sich, dass man mit der Entscheidung für jene, die so ähnlich ticken wie man selbst, der Gruppe einen wichtigen Faktor von vornherein genommen hat: den anderen Blickwinkel, die anderen Ideen, den anderen Background, die neuen Sichtweisen. Doch genau das ist für ein Team, eine Gruppe, eine Abteilung, eine Organisation wichtig, um neue Lösungen zu finden.

Dieser typischen Rucksack-Entscheidung begegnen Sie, wenn sie bewusst hinschauen, wahrscheinlich auch in Ihrem Freundeskreis oder in Gruppen, denen Sie auf Social Media angehören. Bei ähnlichen Erfahrungen und Haltungen fühlen wir uns »instinktiv wohl«. Dort können wir auch Dinge gut annehmen, weil wir zu wissen glauben: Der oder die andere versteht uns.

Problematisch wird es aber, wenn wir im Berufsleben auf Menschen treffen, die offensichtlich ganz anders ticken als wir selbst. Doch dabei stoßen – wenn wir noch einmal gemeinsam in die Metaebene wechseln – lediglich zwei Menschen mit völlig verschieden gepackten Rucksäcken aufeinander und reagieren instinktiv ablehnend aufeinander.

Werfen Sie doch noch einmal einen Blick auf die Grafik von Seite 45. Sie werden erkennen, dass die andere Person weder »böse« ist, noch Ihnen etwas Böses will. Sie hat lediglich andere Erfahrungen als Sie.

Die Erkenntnis, dass Menschen in der Regel nichts »Böses« tun, sondern vielmehr aufgrund von fehlender Erfahrung, Unwissenheit oder auch aus Überzeugung andere Wege als »richtig« empfinden, ist eine wesentliche Erkenntnis für Führungskräfte, die als Leader agieren wollen. Der Weg dorthin führt über die bewusste Auseinandersetzung mit dem eigenen Rucksack und das Aha-Erlebnis, dass es in der Begegnung mit anderen auf elementarer Ebene um unterschiedliche Erfahrungen und nie um vordergründige persönliche Geringschätzung geht.

Wer anderen eine andere Meinung nicht mehr grundsätzlich krummnimmt, ist dazu in der Lage, einen geraden Weg zu gehen und vorzuzeigen. Wer das Verhalten anderer nicht mehr persönlich nimmt, kann als Person beeindrucken und im Idealfall auch andere damit authentisch, wertschätzend und respektvoll führen.

Stellen Sie sich folgende Fragen:

- Was habe ich in meinem Rucksack, das meine Führung beeinflusst?
- An welche Person erinnert mich mein größter Rivale oder Feind im Unternehmen?
- Welches Teammitglied kann ich nicht leiden? An wen erinnert mich diese Person?
- Welches Umfeld brauche ich, um gut führen zu können?
- Vertraue ich meinen Instinkten?
- Wie kann ich in nächster Zeit meine Instinkte schärfen?

Leader sind unweigerlich in Kontakt mit Menschen. Dabei ist wichtig, welche Rolle Sie einnehmen, an wen Sie jemanden erinnern und was andere in Ihnen auslösen. Ihr Rucksack führt Sie und stellt Sie gleichzeitig immer wieder vor neue Herausforderungen im Alltag.

Aufwachen und aufmachen – Antworten und Lösungen in sich selbst finden

Die Dinge einigermaßen klar zu erkennen und nicht mehr alles persönlich zu nehmen, ist jedoch nur ein erster Schritt. Letztlich müssen die neuen Erkenntnisse auch ins Tun einfließen. Nur dann macht man »etwas aus sich«, das auch für andere erlebbar ist.

Aber wie kommt man dorthin? Der klassische und manchmal auch einzig denkbare Weg ist für viele die Teilnahme an möglichst vielen Führungsworkshops. Nur das – so glauben viele – bringt einen auf den richtigen Kurs, ins »bessere Führen«.

Wir wollen in keiner Weise abstreiten, dass Workshops und Lehrgänge tatsächlich gut und sinnvoll sind. Allerdings ist es einer der größten Fehler, zu glauben, dass ein Workshop oder eine ähnliche Veranstaltung jegliche Arbeit an sich selbst 100-prozentig ersetzt und Menschen an zwei, drei Workshop-Tagen wie von Zauberhand in Leadertypen verwandelt.

Trotz aller Ambitionen auf ein wichtiges Führungstool, das im Rahmen eines Workshops vielleicht kurz angesprochen und auch kurz geübt werden kann, vergessen viele etwas, das man eigentlich schon davor entdecken, trainieren und wertschätzen muss und dem man zu vertrauen lernen sollte: die eigene Wahrnehmung.

Tatsächlich ist die Wahrnehmung jenes menschliche Werkzeug, das heutzutage in unseren Breiten am wenigsten geschult wird, obwohl es speziell in der Führung anderer Menschen am dringendsten benötigt wird.

Die menschliche Wahrnehmung ist eine Gabe, die – virtuos eingesetzt – sogar manchmal wie Magie wirken kann: Wir können prinzipiell, ohne ein Wort zu wechseln, erkennen, wie es jemand anderem geht. Das ist eine Basiseigenschaft, mit der wir alle von Kindheit an ausgestattet sind. Und simpel ist sie auch noch: Wir nehmen Dinge wahr und verhalten uns danach.

Auch wenn uns als Kinder vielleicht noch die nötigen Worte fehlen, um uns adäquat verbal auszudrücken, sind uns Eindrücke und Empfindungen von außen nicht nur vertraut, sondern wir suchen sie geradezu. Das Gras der Wiese unter den nackten Füßen zu spüren, ist für viele Erwachsene geradezu eine Klischee-Empfindung für eine unbeschwerte Kindheit und Jugend. Und dennoch wiederholen wir sie später so gut wie kaum bewusst – vielleicht einmal im Jahr, wenn mit uns im Sommerurlaub die nostalgischen Pferde durchgehen. Aber selbst dann kommt uns das schnell irgendwie albern oder auch enttäuschend vor, weil es die erlebte Erfahrung mit der in der Erinnerung abgespeicherten doch nicht aufnehmen kann.

Die menschliche Wahrnehmungsebenen: erkennen, verstehen, sich selbst wahrnehmen

Wie ist es möglich, dass unsere Wahrnehmung mit steigendem Alter dermaßen abstumpft? Warum fühlen wir manchmal sogar gar nichts mehr? Die traurige Wahrheit ist, dass die Wahrnehmung ein sehr sensibles menschliches Spezialinstrument ist, das bei »Überbelastung« schnell kaputtgehen kann oder etwas ist, das man unbewusst auch sehr oft ganz ausschaltet, um sich zu schützen. Dafür verantwortlich ist letztlich jede und jeder selbst.

Mögliche Auslöser gibt es entlang des Lebensweges viele: Menschen, die Grenzen überschreiten, keine Distanz einhalten, uns einfach so viel zumuten, dass wir uns künftig lieber auf unser rationales Wissen verlassen, anstatt auf unser Bauchgefühl zu hören. Und so sehr uns Wissen dienlich sein kann: Wenn es in manchen Situationen die Oberhand gewinnt, indem es zu Vorsicht, Distanz und Oberflächlichkeit »rät«, berauben wir uns selbst eines zutiefst menschlichen Sinns, der uns (an dieser Stelle ein gedanklicher Gruß an Viktor und Hermine ins Robotiklabor) dann womöglich wirklich zu Führungsrobotern werden lässt.

Wissen ist bekanntlich Macht – aber es ist nicht alles und es benötigt Updates. Was man im Kopf hat, reicht also nicht aus, um aus der Perspektive eines Leaders einen guten Job als Führungskraft zu machen.

Schauen wir uns das anhand eines konkreten und plakativen Beispiels an: Vielleicht haben Sie vor Jahren in einem Buch über Körpersprache gelesen, dass vor der Brust verschränkte Arme bei einem Gegenüber nur eines bedeuten können: Ablehnung auf allen Ebenen! Verlassen Sie sich 100-prozentig auf dieses Wissen (auf diese rationale Wahrnehmung und Erfahrung), werden Sie bei sämtlichen Meetings, in denen jemand die Arme verschränkt, auf eine vermeintliche Ablehnung Ihrer Person, Ihrer Botschaft oder Ihrer Position reagieren. Wenn Sie aber Ihre anderen Sensoren (Ihr Bauchgefühl) einsetzen, würden Sie vielleicht etwas ganz anderes wahrnehmen: Möglicherweise ist Ihr Gegenüber trotz verschränkter Armer hochkonzentriert, gelassen, interessiert. Vielleicht hat er einen Tennisarm oder eine Mausschulter und verschafft sich mit den verschränkten Armen lediglich eine halbwegs schmerzfreie Körperhaltung. Wenn Sie dieser Wahrnehmung (ganz oder auch nur zu einem Teil) vertrauen, ändert sich auch sofort Ihre eigene Haltung und das Gespräch nimmt höchstwahrscheinlich einen völlig anderen Verlauf als nach der rein rationalen Wahrnehmung.

Halten wir fest:

- Rationale Wahrnehmung basiert auf Wissen und Erfahrung, also auf Vergangenem.
- Bauchgefühl basiert auf realer Erfahrung im Moment.

Um Bezug auf das schöne Rucksack-Bild aus dem vorigen Kapitel zu nehmen: Rationale Wahrnehmung ist zu einem Großteil in unserem persönlichen »Rucksack« beheimatet, in dem all unsere Erfahrungen –

positive wie negative – verstaut sind. Schauen wir uns kurz im Detail an, was wir dort noch finden: unvergessliche Glücksmomente mit Menschen, die wir geliebt haben, aber auch die enttäuschte Liebe. Genauso finden sich im Rucksack vergangene Erfahrungen in Jobs – gute und schlechte, bedeutungslose und katastrophale. Beim Durchwühlen würden wir auch Gefühltes finden, das zu einer Zeit passiert ist, an die wir uns nicht bewusst erinnern können (z. B. Erlebnisse als Säugling).

Um es auf den Punkt zu bringen: Alles, was Menschen mit uns gemacht haben, was wir selbst mit uns gemacht haben und was wir erlebt haben – also alle Erfahrungen – sind in unserem Rucksack aufbewahrt. Auf manches können wir nicht bewusst, sondern nur über unser Unterbewusstsein zugreifen.

Und das Unterbewusstsein greift ziemlich oft in den Rucksack: Jede Begegnung mit Menschen lässt das Unterbewusstsein aktiv werden und es vergleicht sie mit früheren Erfahrungen. Je größer die Anzahl früherer Begegnungen und Situationen, desto größer sind die Möglichkeiten des Abgleichs. Sind Sie bisher nur relativ wenigen Menschen begegnet, wird Ihre Wahrnehmung schwächer ausgeprägt sein. Ein praller Rucksack wird zu einer prallen Einschätzungsfähigkeit führen.

Natürlich ist alles weitaus komplexer, als wir es hier schildern: Neben dem Rucksack und unserem Bauchgefühl spielt auch die Körperlichkeit eine Rolle. Klarer formuliert: Der Mensch (bzw. sein Unterbewusstsein) kann andere auch über Einfühlungsvermögen – besser bekannt unter Empathie – wahrnehmen. Empathie ist sogar mehr als »nur« passive Wahrnehmung, sondern hat auch eine wichtige aktive Komponente: Sie vereint Einfühlungsvermögen und die angemessene Reaktion auf die Gefühle von anderen.

Was das mit Körperlichkeit zu tun hat? Sie kennen vielleicht folgende Reaktionen ihres Körpers auf Musik oder einen Vortrag oder ein Gespräch: Gänsehaut, Bauchkribbeln, Nervosität. Diese Phänomene sind Ausdruck einer Qualität, die eigentlich seelischer Natur ist und die sich so auch physisch manifestiert.

Empathie komplettiert die für Leader wichtigen Ebenen der Wahrnehmung: rationale Wahrnehmung, dann das sogenannte Bauchgefühl und schließlich die seelische Wahrnehmung. Diese drei Ebenen helfen Leadern, ein Gegenüber – ohne Worte bzw. Dialog – wahrzunehmen und einzuschätzen.

Lust auf ein kleines **Experiment,** das Sie all das, was wir theoretisch behauptet haben, auch in der Praxis erfahren lässt? Sie brauchen dazu nur 15 Minuten in einer kommenden Besprechung oder einem Teammeeting.

Ihr Auftrag bei dieser Gelegenheit: Suchen Sie sich eine Teilnehmerin oder einen Teilnehmer aus und beobachten Sie diese oder diesen 10 bis 15 Minuten lang bewusst. Wählen Sie eine Person, die sie nicht wirklich kennen, mit der Sie nach dem Meeting aber die Möglichkeit haben, ein kurzes Gespräch zu führen.

Phase 1: Rationale Wahrnehmung

Notieren Sie sich alles, was Ihnen während der Beobachtung auffällt – auch wenn es noch so unbedeutend sein mag: Trägt die Person zum Beispiel eine farblich auf den Rest der Kleidung abgestimmte Krawatte oder Schuhe? Trägt sie die Haare länger als andere Personen im Raum? Wie gepflegt wirken Hände und Fingernägel? Sind die Haare gefärbt?

Phase 2: Emotionale Wahrnehmung

Halten Sie kurz inne und geben Sie dann das »Wahrnehmungszepter« an Ihr Gefühl weiter: Was nehmen Sie jetzt wahr? Wirkt Ihr Gegenüber traurig oder nervös? Spielt sie oder er mit einem Stift oder wackelt mit den Beinen? Fährt sie oder er sich nervös durch die Haare und lässt den Blick unruhig durch den Raum schweifen? Oder ruht sie oder er in sich und bleibt auch körperlich entspannt und ruhig?

Alles, was Sie bis jetzt gesehen haben, sind Fakten und rein subjektive Wahrnehmungen, die sich auf Ihre eigenen Gefühle und Stimmung beziehen und von Ihrer Persönlichkeit (und Ihrem Rucksack) interpretiert wurden. Wichtig ist, dass Sie all diese Wahrnehmungen im Moment und ohne nachzudenken schriftlich festhalten! Nehmen Sie sich dafür 10 bis 15 Minuten Zeit!

Phase 3: Analyse

Nun sollten Sie genug wahrgenommen haben, um mindestens drei Annahmen über das Wesen des beobachteten Menschen formulieren zu können, zum Beispiel diese:

- Was zeichnet diese Person aus?
- Worin ist sie gut?
- Womit hat sie Schwierigkeiten?
- Worauf ist sie stolz?

Phase 4: Check

Nach dem offiziellen Ende des Meetings ist es Zeit, Ihre getroffenen Annahmen zu überprüfen und aktiv auf die Person zuzugehen. Stellen Sie sich vor und kommen Sie mit der Person ins Gespräch! Um Ihre Annahmen bestätigt zu bekommen, sind wahrscheinlich gezielte Fragen notwendig, die das Gespräch in die gewünschte Richtung lenken. Wenn Sie also etwa angenommen haben, dass die Person sehr korrekt ist und heute sehr nervös war, fragen Sie einfach »Wie geht es Ihnen?«, »Haben Sie heute noch andere Termine?« oder »Was ist Ihr Spezialgebiet?«. Auch wenn Sie wahrscheinlich keine direkten Antworten auf Ihre Annahmen erhalten werden – es wird genug Input kommen, um Ihnen ein Gefühl dafür zu geben, ob Sie halbwegs richtig oder komplett falsch lagen. Das Wichtigste ist jedoch, dass Sie Ihr Wahrnehmungsvermögen bewusst eingesetzt und reflektiert haben. Denn auch Phase 4 ist bewusstes Wahrnehmen – diesmal allerdings in aktiver Verbundenheit und nicht nur auf dem Fundament Ihres eigenen Rucksacks und Ihrer bisherigen Erfahrungen. Es ist neuer Input, der Ihnen für die Zukunft Mut gibt, wahrzunehmen und nachzufragen.

Sie lernen durch ihre bewusstere Wahrnehmung einerseits andere Menschen besser kennen, andererseits vertrauen Sie wieder öfter Ihren Instinkten. Nur zur Erinnerung, falls Sie noch Bedenken haben sollten: Diese Gabe zur bewussten Wahrnehmung tragen Sie von Geburt an in sich! Als Kind haben Sie dieses Talent zur Wahrnehmung ständig verwendet. Sie konnten gar nicht anders, weil Ihnen andere Mitteln noch nicht zur Verfügung standen. Babys tun nichts anderes, als den ganzen Tag Stimmungen wahrzunehmen. So erkunden sie Menschen um sich herum: Wahrnehmen ohne Urteil. Auf Basis dieser Inputs ziehen sie ihre Schlüsse und agieren dementsprechend.

Gehen Sie also zurück zu Ihren Wurzeln und in eine Zeit, als Ihr Rucksack noch ziemlich leer war. Vertrauen Sie Ihrer Wahrnehmung wieder etwas mehr und holen Sie sich die entsprechende Bestätigung, dass Sie sich auf Ihre Wahrnehmung verlassen können. Denn ein intakter Instinkt ist eines der wichtigsten Tools, die Sie als Leader benötigen!

Ein feiner Unterschied

Ronja und Heiko waren seit einigen Jahren Kollegen in einem großen internationalen Konzern. Auch wenn sie in zwei verschiedenen Ländern arbeiteten und sich – wenn überhaupt – nur einmal im Jahr persönlich sahen, waren sie einander menschlich verbunden. »Auf einer Wellenlänge«, wie man so sagt. Das Bemerkenswerte daran war, dass sie nicht einmal im selben Unternehmensbereich tätig waren, aber dennoch im Rahmen von abteilungsübergreifenden Projekten immer wieder miteinander zu tun hatten. Aber auch über die reine Arbeit hinaus tauschten sie sich ein- bis zweimal pro Woche über Mail, Chat oder Telefon aus. Sie erkundigten sich, wie es beim anderen so läuft, und fragten nach, ob sie einander unterstützen könnten. Und diese Fragen allein waren in gewissen Situationen oft schon die wichtigste Unterstützung von allen.

Speziell Ronja fühlte sich mit einigen Aufgaben manchmal alleingelassen und hatte darüber hinaus noch das Problem, dass sie manchmal mit ihrem geringen Selbstvertrauen zu kämpfen hatte. Da sie an ihrem Standort die Einzige aus ihrer Abteilung war und kein direkter Vorgesetzter vor Ort greifbar war, lag es oft an ihr, Dinge zu gestalten und zu entscheiden – eine Situation, die ihr nicht immer behagte. Und obwohl sie ihre Arbeit gut machte, fehlte ihr noch immer die nötige Sicherheit, um persönlich den entscheidenden nächsten Schritt zu machen und die quälenden Fragen loszuwerden, die sie sich immer wieder aufs Neue stellte: »Bin ich wirklich gut in meinem Job?«, »Sind meine Entscheidungen richtig?«, »Wird meine Leistung anerkannt?«, »Werde ich als Person anerkannt?«

Bei einem wichtigen internationalen Projekt fanden sich Ronja und Heiko wieder einmal in einem gemeinsamen Projektteam wieder. Ronja hatte sogar die Leitung inne, obwohl viele wichtige Persönlichkeiten des Unternehmens auch mit im Team waren, die leider sehr entgegengesetzte Meinungen dazu hatten, welche Schritte man setzen sollte.

Während einer Telefonkonferenz, bei der diese Meinungen aufeinanderprallten, hörten Ronja und Heiko, jeder in seinem Büro sitzend, nicht nur zu, sondern schrieben sich parallel dazu auch über den firmeninternen Chat ihre Eindrücke.

Ronja: »Ich kenne mich überhaupt nicht mehr aus.«

Heiko: »Ich auch nicht, ehrlich gesagt. Jeder will etwas anderes.«

Ronja: »Das Beste wäre, ich melde mich krank und lass andere entscheiden.«

Heiko: »Nicht aufgeben. Alles wird sich klären.«

Doch nach Ende der Telefonkonferenz, in der Ronja wie gewohnt sehr leise und zurückhaltend geblieben war, hatte sich nicht viel geklärt. Also griff sie danach abermals zum Hörer, um persönlich mit Heiko nicht nur über das Projekt, sondern vor allem über ihre eigene Leistung mit jemand zu sprechen, dem sie vertraute und bei dem sie ganz offen sein konnte.

Im Gespräch zu zweit äußerste sie zunächst ihre gewohnten Selbstzweifel. Doch dann lieferte sie plötzlich eine messerscharfe Analyse der Probleme, zeigte Verständnis für die unterschiedlichen Positionen und schlug schließlich nächste Schritte vor, die mit hoher Wahrscheinlichkeit alle Hindernisse, die noch vor Kurzem als unüberwindbar erschienen, beseitigen würden.

Heiko war beeindruckt: »Wahnsinn. Das ist … genial! Wieso hast du bei der Telefonkonferenz nichts gesagt? Und wieso kannst du es jetzt – nur fünf Minuten später – bei mir?«

Ronjas Antwort: »Weil du mir wirklich zuhörst.«

Sie schickte daraufhin ihre Gedanken in einer Mail an alle Projektbeteiligten, brachte das Vorhaben wieder auf Kurs und Wochen später auch zu einem erfolgreichen Abschluss.

Heiko wurde erst viel später bewusst, dass sein wichtigster Anteil an dem Erfolg gewesen war, seiner Kollegin in einem entscheidenden

Moment bewusst eine Möglichkeit gegeben zu haben, sich selbst zuzuhören.

Als die beiden Jahre später Mitarbeiterverantwortung hatten, erinnerten sie sich bei ihren wöchentlichen Gesprächen, die sie nach wie vor führten, oft an das damalige Projekt und an den Durchbruch.

Heiko: »Weißt du, was mir damals klar geworden ist?«

Ronja kannte die Antwort natürlich, aber sie wollte es von Heiko hören und sagte: »Schieß los!«

Heiko: »Es ist oft gar nicht so wichtig, wer das Sagen hat, sondern wer anderen die Möglichkeit gibt, angstfrei zu sprechen und sich so vor sich selbst zu beweisen.«

Ronja erwiderte lächelnd: »Das ist für mich noch immer die schönste Erklärung für Empathie, die ich kenne.«

Spiegelneuronen – unsere unfehlbaren Wahrnehmungshelfer

Aber wie funktioniert das eigentlich alles? Womit nehmen wir andere – abgesehen von unseren körperlichen Sinnen– wahr? Wo entsteht der Funke der Erkenntnis in uns?

Hier kommt etwas ins Spiel, das zutiefst menschlich ist, uns aber gleichzeitig fremd bzw. sogar fantastisch erscheint: die menschlichen Spiegelneuronen. Wir müssen lächeln, wenn der andere lächelt. Wir müssen weinen, wenn der andere weint. Wir können durch Beobachtung Verhaltensweisen übernehmen oder »nur« erkennen. Auf den Punkt gebracht: Spiegelneuronen ermöglichen es uns, zu erkennen, was der andere gerade fühlt oder was in ihm vorgeht. Mehr noch: Sie geben uns auch die Möglichkeit zu erkennen, was der andere gerade braucht oder zu tun beabsichtigt.

Gerade bei Personen, die einander sehr gut kennen, wird dieses Phänomen oft und deutlich sichtbar – bis hin zu dem Punkt, an dem sie gleichzeitig und synchron eine Aussage tätigen. Aber auch bei Menschen, die einander völlig fremd sind, funktionieren Spiegelneuronen und statten uns mit einem einzigartigen Talent aus, das wir auf vielfältige Weise – auch in der Führung – einsetzen können. Denn letztlich

»senden« und »empfangen« wir Menschen permanent im Austausch mit anderen.

Ein kurzer Blick zurück: Menschliche Kommunikation hat ihren Ursprung im motorischen System des Körpers. Das sogenannte »Broca-Areal«, das die Spracherzeugung steuert, liegt im motorischen Teil der Hirnrinde und ist direkt mit dem Spiegelneuronen-System verbunden. Die menschliche Sprache hat sich nicht aus Vokalisation (zum Beispiel aus Warnrufen) entwickelt, sondern aus Gesten (motorischen Aktionen). Daher beruht das Verstehen der Sprache letztlich auf der inneren Nachbildung des motorischen Handelns anderer.

Der italienische Neurophysiologe Giacomo Rizzolatti und sein Forschungsteam gelten als Entdecker des Spiegelneuronen-Systems. Sie wiesen seine Existenz 2002 im Brodmann-Areal des menschlichen Gehirns nach. Dieses Areal hatte Rizolatti mit »Action Recognition« (Wiedererkennung von Handlungen) und Imitation in Verbindung gebracht.

Eine 2010 publizierte Studie (»Single-Neuron Responses in Humans during Execution and Observation of Actions«) berichtete dann schließlich über den ersten direkten Nachweis von Spiegelneuronen beim Menschen. Einem Team der University of California unter der Leitung von Roy Mukamel war der direkte Nachweis von Motoneuronen, den Nervenzellen, die das Phänomen der Wechselwirkung möglich machen, gelungen. Das Team beobachtete die Hirnaktivität von 21 Versuchspersonen, denen Elektroden ins Gehirn implantiert worden waren, im Rahmen diverser Wahrnehmungstests.

Spiegelneuronen zeichnen sich dadurch aus, dass sie sowohl auf das eigene Durchführen einer Aktion als auch auf die Beobachtung dieser Aktion bei anderen Menschen – eine gespiegelte Aktion – völlig identisch reagieren: Sie geben elektrische Impulse ab. Wir erleben das als Intuition.

Spiegelneuronen helfen uns also intuitiv dabei, Menschen wahrzunehmen. Doch nicht immer läuft diese Gabe einflussfrei ab. Unser persönlicher Rucksack spricht – wie schon erwähnt – immer ein Wörtchen mit. Es ist also nicht ratsam, immer nur auf den Kopf oder nur auf den Bauch zu hören. Darum ist die Kombination unserer Wahrnehmungen auf rationaler Ebene, empathischer Ebene und von körperlichen Reaktionen so wichtig. Oder mit anderen Worten: Das Gesamtpaket der Wahrnehmung muss stimmig sein!

Ein Beispiel dazu: Wenn Sie einem Mitarbeiter aus Ihrem Team eine Aufgabe übertragen, könnte Ihnen auffallen, dass etwas nicht stimmt. Sein Körper ist angespannt und er wirkt nicht wirklich glücklich. Trotzdem sagt er mehrmals, dass er die Aufgabe gerne übernimmt. Für die rationale Wahrnehmung ist alles in Ordnung. Schließlich hat er ja gesagt, dass es kein Problem gibt. Bauchgefühl und Empathie sind jedoch sicher: Da stimmt etwas nicht.

Also: Nachfragen!

Doch der Mitarbeiter sagt erneut, dass er die Aufgabe gerne übernimmt. Wenn Sie sich damit zufriedengeben, hat der Kopf gegen den Körper gewonnen bzw. diesen ausgetrickst.

Um die anderen Ebenen ins Boot zu holen, wären folgende Fragen zielführend:

- Was würde dich bei deinen Aufgaben unterstützen?
- Was würde dir helfen?
- Du wirkst auf mich nicht ganz glücklich, was geht dir durch den Kopf?
- Schaffst du das im vereinbarten Zeitraum oder brauchst du länger?

Damit würden Sie auf Ihren Instinkt hören, der ganz klar signalisiert hat, dass irgendetwas nicht stimmt.

Mit derart in die Tiefe gehenden Fragen fällt es dem Mitarbeiter höchstwahrscheinlich auch leicht, zu sagen, dass er die Aufgabe wirklich gerne machen würde, aber nicht weiß, wie er alles unter einen Hut bekommen soll. Jetzt können sie gemeinsam eine Lösung finden. Wären Sie Ihrem Instinkt nicht gefolgt, wäre der Mitarbeiter mit negativen Gefühlen an die Arbeit gegangen und ein klärendes Gespräch hätte womöglich erst nach dem ersten Scheitern stattfinden müssen.

Aber natürlich ist es nicht immer nur der Verstand, der in die Irre führen kann: Manche vertrauen ausschließlich auf ihr Bauchgefühl und landen dank dem persönlichen Rucksack erst recht auf dem Hosenboden.

Stellen Sie sich vor, Sie treffen auf jemanden, der ganz anders tickt als Sie. Noch dazu erinnert Sie der Kleidungsstil der Person auch noch an den aalglatten Typen aus der Buchhaltung, den sie auf den Tod nicht ausstehen können. Für das Bauchgefühl ist klar: Ablehnung! Aufgestellte Nackenhaare! Bloß schnell raus aus dieser Situation! Wir alle kennen das von beruflichen oder privaten Begegnungen, ebenso wie unsere Reaktion darauf. »Instinktiv«– also total irrational – gehen wir diesen Menschen aus dem Weg. Schließlich ist das Urteil unseres Rucksacks klar: »Damit habe ich schlechte Erfahrungen gemacht und ich habe keine Lust auf eine Wiederholung!«

Nun ist es wichtig, Ihrer rationalen Wahrnehmung Gehör zu schenken. Also nichts wie ran an diese Person! Nur so können Sie ein Gespräch ankurbeln und feststellen, ob diese Person wirklich das ist, was Sie aufgrund Ihrer Erfahrungen zu erkennen glauben. Oft werden Sie feststellen, dass dem ganz und gar nicht so ist.

Wenn Sie sich nun Situationen, wie Bewerbungsgespräche, vorstellen, können Sie erkennen, dass es eigentlich grob fahrlässig für jede Führungskraft ist, wenn sie dem ersten Instinkt nachgibt, ohne die anderen Aspekte zu berücksichtigen. Denn so würden sie möglicherweise gute Kandidatinnen und Kandidaten wegschicken – nur weil sie eine Person an jemand erinnert, mit dem sie in der Vergangenheit nicht so gute Erfahrungen gemacht haben.

Stellen Sie sich folgende Fragen:

- Wie weit nehme ich andere wirklich wahr?
- Wie schnell denke ich an etwas anderes bzw. jemand anderen?
- Was hält mich davon ab, meine Aufmerksamkeit auf das Hier und Jetzt zu beschränken?
- Wie anstrengend ist es für mich, andere wirklich wahrzunehmen?
- Was kann ich tun, um meine Wahrnehmung bewusst zu schärfen?
- Was hält mich davon ab?
- Was würde mich dabei besser unterstützen?

Wahrnehmungsübungen, wie sie in diesem Kapitel beschrieben werden, sind sowohl im Alltag als auch im Berufsleben äußerst nützlich und lohnend. Nehmen Sie andere bewusster wahr, fällt Ihnen das Vermitteln von Respekt, Wertschätzung und Vertrauen leichter, und diese Fähigkeit wächst mit jeder Anwendung und verändert Ihre Kommunikation mit anderen.

2

Sich und andere kennen – Leader wissen, was Sache ist

Wenn Sie essenzielle Dinge nicht tun, sondern nur bedenken, gestaltet sich eine selbstverantwortliche Führungs- und Persönlichkeitsentwicklung schwierig.

Selbsterkenntnis als solides Fundament – nur wer sich selbst kennt, kann andere aufrichtig führen

Sie haben es schon geahnt: Jedes Führungsbuch braucht ein Kapitel, dass sich mit Selbstführung und Selbstreflexion beschäftigt. Nun, hier ist es – und es ist tatsächlich eine der wichtigsten Stationen für Menschen, die Leader werden bzw. von anderen als Leader betrachtet und respektiert werden wollen.

Wir vergessen oft das, was uns selbst Hollywood in jedem klassischen Aufstiegsmärchen à la »Karate Kid« oder »Rocky« zeigen muss, damit die Heldenreise einen möglichst großen Spannungsbogen hat: Man kann erst Gewinnerin bzw. Gewinner, Kämpferin bzw. Kämpfer, Wortführerin bzw. Wortführer, Anführerin bzw. Anführer sein, wenn man sich selbst entdeckt, verstanden und bezwungen hat.

Erst wenn man sich selbst glaubt, wird man für andere glaubwürdig. Erst wenn man sich selbst kennt, wird man für andere ein Kenner bzw. eine Kennerin. Alles davor steht auf wackeligen Beinen. Alles danach ist grundsolides Fundament bzw. – wie wir es hier nennen wollen – Führungsklarheit. Nur wer Führungsklarheit für sich gewonnen hat, glaubt sich selbst so unerschütterlich, dass sie bzw. er auch anderen als Fels in der Brandung erscheint.

Wenn wir großes Glück haben, dann steht uns – wie auf der Leinwand – eine Meisterin bzw. ein Meister, eine Trainerin bzw. ein Trainer oder eine Mentorin bzw. ein Mentor zur Seite und hilft uns dabei, diesen wichtigen Schritt zu machen. In der Realität fern von Hollywood coachen wir uns meistens selbst. Doch das sollte niemanden entmutigen. Im Gegenteil: Sich selbst als Luke Skywalker und Yoda in »Star Wars« in einer Person erleben zu müssen, mindert nicht die Schönheit des Erfolgs dieser wichtigen Phase, weil es Ihnen auch abseits jedes beruflichen Aspekts zugutekommt und Sie von einer Person zu einer Persönlichkeit reifen lässt.

Wenn das alles so einfach wäre, gäbe es kein Kino und kein Netflix. Aber wir haben ja nie behauptet, dass es einfach ist, Leader zu werden. Wir können nur versprechen, dass es sich lohnt.

Wenn Sie diesen wichtigen Schritt schon gemacht haben (nicht nur glauben, ihn vielleicht schon gemacht zu haben), können Sie dieses Kapitel übrigens getrost überspringen. Beim leisesten Zweifel daran empfehlen wir Ihnen, dranzubleiben!

Führungsklarheit – der Mut, genau hinzusehen

Kehren wir noch einmal kurz zu unserem »persönlichen Rucksack« zurück: Zu wissen, dass man einen hat, ist das eine. Bewusst zu registrieren, dass auch andere ständig einen tragen, ist das andere und damit ein weiterer wichtiger Schritt zur Führungsklarheit. Außerdem ist es unerlässlich, einen notwendigen weiteren Gedankensprung zu machen: Man muss erkennen können, was beim Entstehen von Euphorie, Zusammenhalt, Widerstand und Distanzierung von einem selbst – also aus dem eigenen Rucksack – kommt.

Warum ist das wichtig? Wer Menschen führt, begleitet und bewegt, löst unweigerlich etwas durch das eigene Verhalten aus. Unabhängig vom Gegenüber übertragen wir aufgrund unseres Rucksacks ein unsichtbares »Wasserzeichen«, dessen sich jeder bewusst sein sollte, der verantwortungsbewusst authentisch als Leader agieren möchte. Ist man sich dessen nicht bewusst, wird man sich schnell in immer wiederkehrenden Situationen und dadurch in einem unangenehm begrenzten Spielraum wiederfinden.

Wie man es dreht und wendet: Der Weg zur Meisterschaft führt über die Selbsterkenntnis – also über die Tatsache, dass man die Wahrheit über sich selbst erkennt, erträgt und sich darüber erhebt. Auch das ist nichts Neues. So stand bereits über dem Eingang zum Orakel von Delphi im antiken Griechenland der Spruch »Erkenne dich selbst« (und machte den meisten, die ihn zu Gesicht bekamen, ziemlich weiche Knie). Keine Angst, wir empfehlen Ihnen jetzt nicht, jahrelange Psychoanalyse zu machen oder einen Therapeuten aufzusuchen (obwohl dies natürlich auch ein gangbarer Weg ist). Um eine Führungspersönlichkeit zu sein, genügt oft schon eine einfache, aber bewusste Auseinandersetzung mit sich selbst. Durch die ungeschönte Wahrnehmung von Mustern, Wiederholungen und Erfolgen erkennen Sie, wo Ihre Grenzen liegen und wo Sie stehen. Was es braucht, ist Ehrlichkeit, Regelmäßigkeit und ein Hilfsmittel, um die Selbstreflexion aufrecht- und das Wahrgenommene festzuhalten.

Ausgesprochen selbstbewusst

Sebastian war auf dem Weg zu seiner Mutter. Die lange Autofahrt nervte etwas, aber sie gab ihm auch Zeit, darüber nachzudenken, wo er jetzt stand und was auf ihn zukam. Es hatte sich karrieremäßig ganz schön was abgespielt bei ihm in den letzten zwei Jahren.

»Wenn das dein Vater noch hätte erleben können«, würde Mutter heute sicherlich wieder öfters sagen, wenn er von seinem Aufstieg in der Firma erzählte. Dabei konnte er es selbst kaum glauben, wie weit er – der »Kleine« – es gebracht hatte.

Sebastian dachte zurück an die qualvollen Zeiten, als er in der Schule aufgrund seiner Größe gehänselt wurde – und an den Ratschlag seines Vaters, der ebenfalls nicht gerade mit beeindruckender Körpergröße gesegnet war: »Was uns an Statur fehlt, müssen wir mit unserer Stimme ausgleichen«, pflegte er zu sagen … nun … eher zu brüllen, um der Wichtigkeit seiner Philosophie Ausdruck zu verleihen.

Als Kind hatte Sebastian das oft als unangenehm und einschüchternd empfunden. Aber nach und nach freundete er sich mit dem Gedanken an, dass ihm dieser kleine Trick vielleicht dienlich sein könnte.

In der Schule war es zu spät, sein Image zu verändern, aber ab seinem ersten Tag als Arbeitnehmer setzte Sebastian seiner Stimme eine kleine Maske auf: Er sprach sonor, überzeichnet und vor allem laut – und das dermaßen beeindruckend, dass ihn die Kolleginnen und Kollegen fragten, ob er vielleicht Opernsänger sei.

Das waren wertschätzende, wohltuende Fragen. Ganz andere Fragen als jene, die ihm in der Schule gestellt worden waren. Dort war er der kleine Underdog gewesen. Jetzt war er »TheBasstian« – ein Spitzname, dem ihm die Kollegen zu Beginn seiner Karriere im Unternehmen gegeben hatten. Er gefiel ihm und ermunterte ihn dazu, seinen kleinen Trick mit der tiefen Stimme noch bewusster einzusetzen.

Zumindest karrieretechnisch trug seine Maske Früchte. Er wurde recht schnell befördert und hatte bald auch Mitarbeiterverantwortung. Das Unternehmen schickte ihn zudem mit Vorliebe zu Vorträgen und Veranstaltungen, wo er dann aufgrund seiner Stimme große Auftritte hatte.

Das Einzige, was Sebastian etwas störte, war seine mangelnde Beliebtheit bei seinen Mitarbeiterinnen und Mitarbeitern. Er war zwar eine kleine Berühmtheit im Unternehmen, aber er spürte auch, dass er bei Menschen ein gewisses Befremden auslöste – vor allem in Zweiergesprächen und auch in privaten Situationen.

Bei Frauen kam er auch nicht wirklich gut an – weder beruflich noch privat. »Das ist der Preis, den mächtige Männer oft zahlen müssen«, hatte Vater kurz vor seinem Ableben noch gesagt. »Die Menschen sind distanziert, weil sie dich um deine Ausstrahlung beneiden und gleichzeitig spüren, dass sie da nicht mithalten können. Trage deine Stimme also mit Stolz, mein Sohn!«

Also sprach Sebastian noch sonorer, noch lauter und noch überzeugter. Es war ohnehin zu spät, zum Normalreden zurückzukehren. Das hätte nur unangenehme Fragen und Situationen aufgeworfen und ihn vielleicht auch seines Images als erfolgreiche Führungskraft beraubt. Das wollte Sebastian um keinen Preis aufgeben.

Mutter war eigentlich die Einzige, bei der er noch seine normale Stimme verwendete. Das Paradoxe an der Situation: Die originale Sebastian-Stimme kam ihm nach all den Jahren wie eine Verkleidung vor. Sie war so schwach, unbedeutend, irgendwie erbärmlich. Für Mutter war sie natürlich normal. Aber Mütter lieben ihre Kinder ja sowieso bedingungslos. Eine Mutter würde eh niemals wie andere diese unangenehme Betroffenheit erkennen lassen, wenn ein Gespräch länger als 30 Sekunden dauert. Sie würde niemals so deutlich zeigen, dass sie nicht länger als unbedingt notwendig im selben Raum sein will. Sie würde Sebastian nie dieses intensive Empfinden von Einsamkeit vermitteln, mit der er im Beruf zu leben gelernt hatte.

»Eigentlich seltsam«, dachte Sebastian. »Genau diesem Gefühl wollte ich als Kind immer entkommen, diesem Verlorensein, Gemiedensein, Anderssein.« Und obwohl er mit diesem Gedanken eine der wichtigsten Erkenntnisse in seinem Leben hatte, schob er ihn rasch wieder zur Seite. Er musste sich ja auf den Verkehr konzentrieren.

Er konzentrierte sich so stark darauf, den ursprünglichen Gedanken nicht zu verfolgen, dass er vergaß, nach der Ankunft bei seiner Mutter die Berufsstimme abzulegen.

Recht schnell ergab sich ein Gespräch darüber, warum er glaubte, sich so verstellen zu müssen. Und irgendwann war von den fortdauernden Ratschlägen des Vaters die Rede, die die Kunstfigur »TheBasstian« vor vielen, vielen Jahren letztlich erschaffen hatten.

Daraufhin wurde Mutter seltsam still und nachdenklich.

»Was hast du?« fragte Sebastian mit seiner eigenen, sanften Sebastian-Stimme.

»War dir nie bewusst, dass Vater extrem schwerhörig war? Er brüllte nur deshalb so, damit er sich selbst gut verstehen konnte.«

Das Führungstagebuch – das eigene Verhalten beobachten

Es geht bei der persönlichen Entwicklung also nicht nur um das Erkennen von Ursachen, sondern auch um das Erkennen von Mustern. Nach wie vor eine der effizientesten (und leicht umzusetzenden) Methoden, die genau dabei helfen, ist das regelmäßige Führen eines Tagebuchs – in diesem Fall eines »Führungstagebuchs«.

Doch was trägt man in so ein Tagebuch ein?

Hier ein paar Anregungen:

- Halten Sie schwierige Situationen mit Ihren Mitarbeiterinnen und Mitarbeitern, Krisen und Konflikte, aber auch Situationen, in denen es wirklich gut lief, fest.
- Was war Ihr Beitrag als Führungskraft in diesen Situationen? Was war der Auslöser des Konflikts? Wie gingen Sie damit um? Wo haben Sie unterstützt? Was haben Sie nicht getan?
- Sind Ihnen vergleichbare Situationen schon öfters als Führungskraft oder früher als Mitarbeiterin bzw. Mitarbeiter begegnet? Was haben Sie dazu beigetragen, dass diese Situationen immer wieder entstanden sind? Welche Vorwürfe haben Sie von Kolleginnen und Kollegen von Mitarbeiterinnen und Mitarbeitern bekommen?
- Wie verhalten sich Menschen in Ihrer Gegenwart?

Wenn Sie ein derartiges Tagebuch regelmäßig (und vor allem ungeschönt) führen, offenbaren sich beim Durchlesen wiederkehrende Muster und Sie gewinnen wertvolle Erkenntnisse:

- Was wiederholt sich ständig?
- Warum?
- Was könnten Sie verändern, damit das besser wird?

Warum funktioniert ein derart simples Tool so gut? Oft liegen die Antworten auf unsere Probleme und die mögliche Überwindung der immer gleichen Hindernisse auf der Hand, doch leider fehlt uns üblicherweise eine effiziente Reflexionsschleife.

Ein Tagebuch funktioniert übrigens nicht für Sie selbst hervorragend, sondern auch, um sich über wiederholende Dynamiken in Ihrem Team klar zu werden, weil Sie auch hier Muster erkennen und sehen, wie sich Ihr Team entwickelt. Schreiben Sie sowohl Rückschläge als auch Erfolge nieder. Jede Reflexion bringt Sie voran.

Eine gute Tagebuchführung bedeutet übrigens nicht, dass Sie täglich abends seitenweise Ihre Eindrücke des Tages festhalten müssen. Es geht vielmehr um eine vernünftige Regelmäßigkeit. Schaffen Sie sich eine Routine, die für Sie gut funktioniert: vor dem Nach-Hause-Fahren, am Morgen, am Mittag … Oft reichen gut eingeplante 10 Minuten, um

Sie in relativ kurzer Zeit die größten Hürden und wichtigsten Entwicklungsfelder erkennen zu lassen.

Sollte Ihnen das nicht reichen, ist es hilfreich, Außenwahrnehmung in Form von Sparring, Mentoring oder Coaching in Anspruch zu nehmen. Aber Vorsicht! Wählen Sie bedacht aus, welche Person Sie bei der Entwicklung Ihrer Führungsstärke begleiten soll und darf. Wichtig ist, dass diese Person eigene Führungserfahrung aufweisen kann und Sie dieser Person Vertrauen entgegenbringen. Je offener man jemand Externem begegnen kann, umso klarer ist die Reflexion.

Vielleicht denken Sie sich jetzt, dass Sie all diese Ratschläge schon oft gehört haben. Das liegt daran, dass die wirkungsvollsten Methoden sehr oft kein großes Geheimnis oder Mysterium sind. Fakt ist aber auch, dass viele Menschen diese klaren, simplen Ratschläge nicht ernsthaft ausprobieren oder in Angriff nehmen, weil sie so einfach, so klischeehaft, so unoriginell sind. Wenn es ein Geheimnis bei derartigen Tools gibt, dann jenes, dass man sie anwenden muss, anstatt sie nur intellektuell anzudenken, zu beurteilen und dann ohne praktische ernsthafte Anwendung als wirkungslos zu verwerfen.

Sie können viel Geld für weitere Dutzende oder Hunderte Bücher ausgeben: Wenn Sie die essenziellen Dinge nicht tun, sondern nur bedenken, wird es mit der selbstverantwortlichen Führungs- und Persönlichkeitsentwicklung schwierig.

Wenn Sie also hier Dinge lesen, die Ihnen bekannt vorkommen, sollte das Motivation für Sie sein, diese Tools tatsächlich anzuwenden. Wir führen in diesem Buch ausschließlich Methoden auf, die einfach, aber wirkungsvoll sind, und die es Ihnen auch erlauben, mit Spaß und Freude an sich selbst zu arbeiten.

Menschenbilder – das Gegenüber erkennen

Es geht aber nicht ausschließlich um Sie! Gute Leader sind auch Meister darin, das zu erfassen, was in anderen vorgeht.

Neben der Innenschau ist also auch das Erkennen der Muster, Ecken und Kanten von Menschen in Ihrem Team wichtig. Dazu müssen Sie sich mit Ihrem Menschenbild beschäftigen – also mit Ihrer Vorstellung, wie Menschen und Gruppen ticken, bzw. mit Mitteln und

Wegen, wie Sie hier offen genug bleiben, um nicht in Schubladen zu denken. Der österreichische Wirtschaftswissenschaftler Dr. Christian Scholz verwendet eine schöne und klare Definition: »Menschenbilder sind vereinfachte und standardisierte Muster von menschlichen Verhaltensweisen, die Personen im Laufe der Zeit aufgrund ihrer Erfahrungen glauben, lokalisieren zu können.« Menschenbilder implizieren also immer eine Person, die sich ein Bild macht, und eine Person, von der ein Bild gemacht wird.

Wichtig ist, dass Sie Ihrer Wahrnehmung und Selbstreflexion immer genug Raum geben, um die bereits erwähnte »Schubladisierung« zu vermeiden. Gerade am Anfang helfen Ihnen dabei vielleicht ein paar Rahmenbedingungen, um Menschen wirklich in ihrer Gesamtheit einschätzen zu können.

Eine goldene Regel vorweg: Es erfordert Zeit und Aufrichtigkeit, um das Wesen von Menschen zu erkennen. Nur wenn Sie ehrlich an Menschen interessiert sind, mit denen Sie arbeiten, haben Sie die Chance, ein wirklicher Leader zu werden. Oder um es etwas anders auszudrücken: Wenn Sie nicht mit Herzensblut in diese wichtige Aufgabe gehen und eine rein formelle, hierarchisch dominierte Ausübung Ihrer Führungstätigkeit bevorzugen, werden Sie Gefahr laufen, nicht die gewünschte Wirkung zu erzielen.

Leader sind keine befehlsgebenden Maschinen, sondern stehen – unabhängig von Unterschieden in Befugnissen, Verantwortungsbereichen und Organigrammpositionen – stets im aktiven Dialog mit Menschen in ihrem Team. Nur wer gut zuhört, kann gut verstehen. Nur wer sich klar ausdrückt, kann gut verstanden werden.

Aber schauen wir uns an, was in einem Gespräch eigentlich unter der Oberfläche passiert. Grundsätzlich macht sich bei einem Gespräch jede bzw. jeder ein subjektives Bild von ihrem bzw. seinem Gegenüber. Wenn Sie mit jemandem aus Ihrem Team reden, macht sich das Gegenüber klarerweise auch gleichzeitig ein subjektives Bild von Ihnen. Mit anderen Worten: Sie beurteilen und werden beurteilt. Das gilt für Zweiergespräche, aber natürlich auch für Gruppengespräche. Egal, wie viele Personen teilnehmen: Nach der Beobachtung definiert man bestimmte Menschenbilder von den am Gespräch beteiligten Personen – und zwar auf Grundlage der eigenen Erfahrungen oder Erlebnissen.

Menschenbilder nach McGregor: X oder Y

Laut Douglas McGregor, einem der Gründerväter des zeitgenössischen Managementgedankens, gibt es bei dieser Bewertung des Gegenübers zwei prinzipielle »Theorien«.

- Menschentyp X: Der Mensch hat eine angeborene Abneigung gegen Arbeit und will sie deshalb vermeiden. Aufgrund dieser Abneigung gegen Arbeit muss dieser Mensch gezwungen, kontrolliert, geführt und diszipliniert werden. Erst dann leistet er positive Beiträge zur Erfüllung der Ziele. Die Mitarbeiterin bzw. der Mitarbeiter zieht es vor, geführt zu werden und Verantwortung zu vermeiden. Sie bzw. er verzichtet auf ehrgeizige Ambitionen und strebt nach Sicherheit.
- Menschentyp Y: Physische und geistige Anstrengungen bei der Arbeit sind so natürlich wie Spielen und Schlafen. Daher lehnt das Gegenüber Arbeit prinzipiell nicht ab. Überwachung und Strafe stellen nicht die einzigen Möglichkeiten dar, die Realisation von Zielen zu erreichen. Dieser Mensch praktiziert vielmehr Eigeninitiative und Selbstkontrolle zugunsten von Zielen, denen er sich verpflichtet. Die Identifikation mit den Zielen ist eine Funktion der Belohnung. Die wichtigste Belohnung ist die Befriedigung der Ich-Bedürfnisse und des Bedürfnisses der Selbstverwirklichung. Dieser Mensch sucht Verantwortung. Oft ist das intellektuelle Potenzial der Mitarbeiterin bzw. des Mitarbeiters nur teilweise genutzt.

McGregor hat dabei einen eindeutigen und einseitigen Ansatz: Er plädiert dafür, bei der Beurteilung ausschließlich und immer von Theorie Y auszugehen und in Folge die entsprechenden Rahmenbedingungen zur Realisation dieses Menschenbildes zu schaffen. Warum? Nach McGregor führt die Anwendung des Menschentyps X durch Führungskräfte dazu, dass sich der bzw. die Betroffene tatsächlich entsprechend verhält und somit das »Menschenbild X« zu einer selbsterfüllenden Vorhersage wird. Es ist also zu vermeiden, Theorie X überhaupt anzudenken.

Der naheliegende Umkehrschluss, dass man X-Menschen automatisch zu Y-Menschen macht, funktioniert leider nicht so zuverlässig: Teammitglieder, die keine Verantwortung übernehmen möchten, finden auch durch das Einräumen von Handels- und Entscheidungsspielräumen nicht zwingend Gefallen an eigenverantwortlichem Handeln.

Menschenbilder nach Schein: vier Grundtypen

Der US-Sozialwissenschaftler Edgar Schein geht noch weiter in seiner Typisierung. Er definiert vier Kategorien an Menschenbildern.

- Der rational-ökonomische Mensch: Er ist primär durch monetäre Anreize motivierbar und deshalb manipulierbar und passiv. Er hat irrationale Gefühle, strebt aber trotzdem nach rationaler Bewältigung vorhandener Probleme. Der bzw. die Vorgesetzte muss klassische Führungs- und Kontrollfunktionen ausüben.
- Der soziale Mensch: Dieser Typ wird vor allem durch soziale Bedürfnisse motiviert und benötigt Interaktionen mit anderen Personen. Da aber die organisatorische Arbeitsgestaltung aufgrund ihrer Rationalisierungswirkung häufig zu Isolation und Sinnentleerung führt, sind soziale Beziehungen verstärkt erforderlich. Die sozialen Kräfte innerhalb der Gruppe wirken stärker als jede von Vorgesetzten initiierte Maßnahmen. Diese Mitarbeiterinnen bzw. Mitarbeiter reagieren auf Führungsinformationen nur in jenem Ausmaß, in dem der bzw. die Vorgesetzte auf die individuellen sozialen Bedürfnisse sowie das individuelle Anerkennungs- und Zugehörigkeitsstreben eingeht.
- Der sich selbst verwirklichende Mensch: Die Bedürfnisse dieses Typs lassen sich hierarchisch anordnen, wobei das Bedürfnis nach Selbstverwirklichung die zentrale Rolle spielt. Der Mensch will und kann seine Aufgabe erfüllen. Er strebt deshalb nach Autonomie. Der Mensch ist selbstmotiviert und bevorzugt die Selbstkontrolle. Es gibt keinen zwangsläufigen Konflikt zwischen Selbstverwirklichung und der Erreichung der Ziele. Der bzw. die Vorgesetzte muss die individuelle Entwicklung dieser Mitarbeiterin bzw. dieses Mitarbeiters fördern.

- Der komplexe Mensch: Er ist komplex, vielschichtig und wandlungsfähig, außerdem lernfähig und dazu in der Lage, neue Persönlichkeitseigenschaften zu erlernen. Er bzw. sie zeigt situativ differenziertes Verhalten – er bzw. sie strebt also in unterschiedlichen Situationen nach unterschiedlichen Zielen. Es gibt verschiedene Kombinationsmöglichkeiten, um aus den Fähigkeiten, Motiven und Führungsformen ein effektives Verhalten hervorzurufen. Es gibt keine allgemeingültige Führungsstrategie.

Managertypen nach Maccoby – was Führungskräfte antreibt

Wenn wir schon bei Theorien und Typen sind: Auch Führungskräfte werden in der Fachliteratur eingeteilt, zum Beispiel in der Struktur des Psychoanalytikers und Anthropologen Michael Maccoby. Schauen Sie sich kurz an, als welcher Basistyp Sie vielleicht von Ihren Mitarbeiterinnen und Mitarbeitern eingestuft werden.

- Firmenmenschen (Company Men/Women): Firmenmenschen fühlen sich als integrierter Teil des Unternehmens und halten Regeln strikt ein. Die zukünftige Entwicklung des Unternehmens ist ihnen genauso wichtig wie die eigene Karriere – somit werden sie zu wichtigen Stützen des Unternehmens. Allerdings sind sie aufgrund fehlender Energie und Risikobereitschaft für Führungspositionen an der Spitze kaum geeignet, sondern eignen sich eher für administrative, bürokratische Funktionen im mittleren Management.
- Spielmacherinnen und -macher (Games Men/Women): Spielmacher sehen ihre persönliche Situation – aber auch ihre Position im Geschäftsleben – als beinharten Wettbewerb an, den sie aus Prinzip immer gewinnen wollen und müssen. Dabei kämpfen sie fair und mit kalkuliertem Risiko. Trotz des Siegeswunsches sind sie immer kooperativ und zur Teamarbeit bereit, stets flexibel und durchaus innovativ.
- Fachleute (Craftsmen/-women): Das Selbstwertgefühl dieses Typs basiert auf Fachwissen und Disziplin. Diese Menschen erlangen Befriedigung durch das Lösen von Problemen in ihrem unmittel-

baren Arbeitsbereich. Sie haben ein Faible für strukturierte Projektarbeit und sind Perfektionisten.
- Dschungelkämpferinnen und -kämpfer (Junglefighters): Diese Führungskräfte streben nach Dominanz in allen Bereichen, bauen persönliche Machtbasen auf und erkämpfen auf dieser Grundlage Vormachtstellungen für sich selbst sowie für ihren Unternehmensbereich. Dabei brechen sie oft mit Traditionen, missachten Spielregeln und verfügen über ein ausgeprägtes Selbstbewusstsein.

Managertypen nach Riemann – wie Führungskräfte führen

Zum Schluss wollen wir Ihnen noch ein System vorstellen. Die archetypischen Führungsbilder des deutschen Psychologen und Psychoanalytikers Fritz Riemann konzentrieren sich eher auf die Hintergründe von Führungsanspruch bzw. -motivation.

- Die Meisterin/der Meister – Führung durch Expertise: Dieses alte Führungsleitbild stammt aus der Tradition des Handwerks. Meisterinnen und Meister führen auf Grundlage ihres Vorsprungs an Wissen und Erfahrung, also weil sie bzw. er mehr weiß und kann.
- Die Heldin/der Held – Führung als Heldentat: Dieses Führungsleitbild entspricht der Tradition der abendländischen jüdisch-christlichen Kultur und der Idee des einen Schöpfergottes. Die Legitimation für Führung entsteht hier durch den Unterschied zwischen einem Individuum und der Masse. Die Heldin bzw. der Held führt, weil sie bzw. er außergewöhnlich ist.
- Die Generälin/der General – Führung über die Position: Dieses Bild von Führung entsteht bevorzugt in hierarchischen Systemen, die Komplexität auf Strukturen mit klaren Positionen und Funktionen reduzieren. Die Legitimation für Führung leitet sich aus der Differenz von Machtbefugnissen ab. Generäle führen, weil sie dazu befugt sind.
- Die Mutter/der Vater – Führung über emotionale Bindung: Dieses Bild hat sich in Familienunternehmen und bäuerlichen Betrieben entwickelt, in denen die Funktion des Familienoberhauptes mit der des Unternehmensleiters identisch war. Legitimation von Führung ergibt sich aus der Zugehörigkeit des Einzelnen zum System,

> das durch einen Vater oder eine Mutter repräsentiert wird, und über emotionale Bindung des Einzelnen an dieses System. Die Mutter bzw. der Vater führt, weil sie bzw. er entscheidet, wer zur Familie gehört.

Nun aber genug der Theorien. Wie Sie gehört haben, geschieht die Veränderung durch das Tun! Mit anderen Worten: Sie sind dran! Besorgen Sie sich ein hochwertiges Notizbuch, das Ihnen gut in der Hand liegt und das die Wertschätzung ausdrückt, die Sie sich selbst und Ihrer Entwicklung als Person und Führungspersönlichkeit entgegenbringen wollen, und beginnen Sie mit Ihren regelmäßigen Aufzeichnungen – in Intervallen und zu Zeitpunkten, die Sie für sich selbst definieren.

Stellen Sie sich folgende Fragen:

- Was hindert mich daran, ab heute ein Führungstagebuch zu führen?
- Wie beseitige ich diese Hindernisse?
- Wie soll mein Ritual aussehen, das mich dabei unterstützt, es regelmäßig zu führen?
- Fühle ich mich selbstsicher genug, um eine ehrliche und regelmäßige Selbstreflexion anzugehen?
- Würde ich mich wohler fühlen, wenn mir eine Mentorin oder ein Mentor dabei zur Seite stünde?
- Wer könnte diese Mentorin bzw. dieser Mentor sein?

Ehrlichkeit zu sich selbst als Schlüssel zum Erfolg bei anderen – Grenzen und Möglichkeiten erkennen

Wenn wir die symbolische Statue eines Leaders zu entwerfen hätten, wüssten wir wahrscheinlich alle, wie diese ungefähr auszusehen hätte: ein mutiges, charismatisches Gesicht, das unerschrocken zum Horizont blickt, geballte Faust, Körperspannung und Siegermentalität. Kurz: Jemand, den man respektiert und auch gern folgt. Denn diese Person weiß einfach, wo es langgeht.

Sehr oft sagt man ja auch von Leadern, dass sie »einfach zum Führen geboren sind«. Das ist aber meistens rückblickende Verklärung. In Wirklichkeit werden Leader selten geboren und auch selten gemacht – hinter dem von vielen bewunderten Charisma und der beeindruckenden Standfestigkeit steckt vielmehr harte Arbeit. Genauer gesagt handelt es sich um Arbeit an sich selbst.

Wie Sie wissen, ist kaum etwas härter, schonungsloser und oft auch schmerzhafter als die Wahrheit. Tatsächlich steckt hinter dem entschlossenen Auftreten vieler Führungspersönlichkeiten die simple Tatsache, dass sie sich ihrem Selbst zu irgendeinem Zeitpunkt in ihrem Leben erfolgreich und allumfassend gestellt haben und daher authentisch, überzeugend und glaubhaft sie selbst sein konnten. Sie waren ehrlich zu sich selbst und wurden darum auch von anderen als glaubwürdig wahrgenommen.

Ehrlichkeit – ist das wirklich notwendig?

Ehrlichkeit ist nicht die erste Eigenschaft, die uns in den Sinn kommt, wenn wir an aktuelle Leader denken – vor allem nicht in der Politik. Selbst wenn wir uns unsere zuvor entworfene Statue in Erinnerung rufen: Auf dem Weg an die Spitze hat er oder sie doch sicherlich das eine oder andere Versprechen ins Blaue hinein oder eine Notlüge vom Stapel gelassen.

Doch es ist nicht die Ehrlichkeit nach außen, von der wir hier primär sprechen. Es geht vielmehr darum, ehrlich zu sich selbst zu sein. Und das wiederum erfordert ein mutiges, aufrichtiges und fundiertes Hinterfragen des eigenen Wertesystems – oder mit anderen Worten eine »Ehrlichkeit nach innen«.

Warum das wichtig ist? Solange Sie nicht selbst felsenfest über Ihre innere Wertelandschaft Bescheid wissen, haben Sie auch kein Fundament parat, das Sie einem Team als sichere Grundlage anbieten können.

Natürlich gibt es da noch Unternehmenswerte, die Sie als Mitarbeiterin bzw. Mitarbeiter Ihrer Organisation ebenfalls zu vertreten haben, aber diese nützen Ihnen als Person bzw. als Leader nur wenig. Nur: Ihre ganz persönlichen Werte wirken unmittelbar auf jene, die Sie führen, weil diese Ihre Prioritäten in der Zusammenarbeit erlebbar machen und auf alle im Team ausstrahlen. Von Vorteil wäre natürlich, wenn sich Ihre eigenen Werte mit jenen des Unternehmens decken – und zwar nicht nur auf dem Papier oder als Schlagwort.

Bewerbung in eigener Sache

»So, Herr Vogel, wir sind fast am Ende angelangt. Zum Abschluss des Bewerbungsgesprächs würden wir gerne noch etwas Privates von Ihnen wissen.«

»Ja, gerne.«

»Wenn Sie auf der Autobahn fahren und sehen, dass bei der Abfahrt, die Sie nehmen müssen, ein Stau ist …«

»Ja?«

»… reihen Sie sich auf der entsprechenden Spur hinten ein oder fahren Sie so weit vor wie möglich vor und drängen sich dann aggressiv irgendwie hinein?«

»Ich wüsste nicht, was das mit diesem Job hier zu tun hat.«

»Bitte, Herr Vogel. Uns ist Ehrlichkeit sehr wichtig.«

»Na gut, also ehrlich gesagt fahre ich so weit vor wie möglich und suche eine Lücke.«

»Und wenn Sie keine finden?«

»Dann dränge ich mich hinein.«

»Danke, wir melden uns bei Ihnen!«

»Moment, das war's?!«

»Ja, vielen Dank.«

»Was notieren Sie da?«

»Nur Ihre Antwort, Herr Vogel.«

»Die war gut, oder? Zielstrebigkeit und so.«

»Wir melden uns bei Ihnen!«

»Ich dachte, Ehrlichkeit ist Ihnen so wichtig?«

»Na gut … also ehrlich gesagt, wollen wir Menschen wie Sie hier nicht unbedingt im Unternehmen haben.«

»Moment! Also, was? Meine Qualifikationen …«

»Ja, Ihre fachlichen Qualifikationen sind beeindruckend, aber Ihr Charakter entspricht nicht unseren Werten.«

»Wenn ich das gewusst hätte, hätte ich Ihnen eine andere Antwort gegeben!«

»Sie meinen, Sie hätten gelogen und uns das gesagt, was wir hören wollen?«

»Klar … Moment, was notieren Sie da?«

»Nur Ihre Antwort, Herr Vogel.«

»Die war wohl wieder nicht positiv für mich?«

»Nein, sie bestätigt nur mein Bild von Ihnen.«

»Dass ich ein Arschloch bin, oder was?!«

»So würde ich das nicht ausdrücken.«

»SONDERN?!«

»Dass Sie rücksichtslos auf Ihren Vorteil bedacht sind und dabei weder Moral noch Anstand kennen.«

»Und das ist gut für den Job, oder? ... HÖREN SIE AUF, SICH DINGE ZU NOTIEREN!«

»Herr Vogel, der nächste Bewerber wartet scho ...«

»DAS IST MIR EGAL! ICH WILL VERDAMMT NOCH MAL WISSEN, WAS SIE VON MIR HALTEN!«

»Warum eigentlich, Herr Vogel?«

»DAMIT ICH MIR AUF DEM WEG NACH DRAUSSEN ÜBERLEGEN KANN, AUF WIE VIEL ICH SIE VERKLAGE!!!«

»Das ist Ihr gutes Recht, Herr Vogel. Sie hören von uns.«

»SIE ... SIEEE HÖREN VON MIR!« (Stürmt nach draußen)

Der nächste Bewerber betritt den Raum.

»Ah, Herr Hirsch. Nehmen Sie Platz!«

»Danke.«

»Sie bewerben sich also auch für die Stelle des Ethikbeauftragten.«

»Wieso auch? ... Äh, ja!«

Definition der eigenen Führungswerte

Das ziemlich misslungene Bewerbungsgespräch von Herrn Vogel ist natürlich ein völlig überzeichnetes Beispiel für die Diskrepanz zwischen Schein und Sein. Aber es ist eine gute Einstimmung auf eine wichtige Frage: Gibt es so etwas wie Sollwerte für Leader?

Nun, zumindest gibt es einige zentrale Werte, die für Führungspersönlichkeiten mit Sicherheit nicht gerade von Nachteil sind. Hier ein paar Beispiele: Mut, Offenheit, Verlässlichkeit, Effizienz, Geduld, Demut, Dankbarkeit, Würde, Vertrauen, Disziplin und Konsequenz.

Wenn Sie diese Werte bewusst und erfolgreich leben, macht sich das für Ihr Selbstbewusstsein und Ihre Haltung gegenüber Menschen bezahlt. Wenn Sie ein wenig über die Thematik nachdenken, fallen Ihnen wahrscheinlich noch viele weitere Werte ein, die zu leben hier lohnend wären. Wertschätzung oder Respekt zum Beispiel.

Keine Angst, Sie müssen es nicht schaffen, all diese Werte authentisch zu leben. Vermutlich ist das auch gar nicht möglich. Wenn Sie das mit vier oder fünf Werten schaffen, befinden Sie sich bereits in einem kleinen Kreis von Menschen, die Werte ernst nehmen, und können sich sicher sein, dass diese Qualitäten an Ihnen wahrgenommen werden.

Wichtig ist, dass Sie sich Gedanken machen, wer Sie sind bzw. sein wollen, und dann Ihre Kernwerte finden. Wie viele oder welche das letztlich sind, ist gar nicht so wichtig. Sie sollten nur imstande sein, diese bewusst und aus dem Inneren heraus zu leben, ohne sich dazu zwingen oder verstellen zu müssen. Denn Letzteres wäre eine Maske, die mit Sicherheit früher oder später fällt – und mit ihr Ihre Authentizität und Glaubwürdigkeit.

Werte sind kein Tarnmantel, den man sich überstreift, um eine bestimmte Wirkung zu erzielen, sondern verinnerlichte Überzeugungen, die situationsunabhängig verkörpert und ausgestrahlt werden. Genau darum sind Werte auch so immens wichtig für den Charakter von Leadern. Sie stecken hinter dem, was man oft als Haltung, Rückgrat oder auch Charisma bezeichnet.

Nehmen Sie Haltung an!

Werden wir konkret und nehmen den Mut als Beispiel – ein Wert, den wahrscheinlich jeder Leader benötigt. Und dennoch definiert ihn jeder völlig anders. Eine Definition könnte lauten »Mut bedeutet für mich, zu jedem Zeitpunkt und in jeder Situation, Dinge offen und klar anzusprechen, wenn ich der Meinung bin, dass das einer Person, dem Team oder dem Unternehmen etwas bringt.« Eine andere Definition könnte aber auch so aussehen: »Mut bedeutet für mich, unternehmerische Schritte zu setzen, die aus meiner Erfahrung und meinem Wissen heraus die besten Ergebnisse für das Unternehmen versprechen.«

Mut hat – wie alle anderen Werte – eine unglaubliche Vielzahl von Aspekten. Wichtig ist, dass Sie Ihren Aspekt finden und artikulieren, und zwar nicht um einer schönen Formulierung willen, sondern so, dass die Definition sie mit Stolz und einem Hochgefühl erfüllt. Nur so können Sie sich selbst vermitteln, wer Sie sein wollen. Nur in dieser Klarheit finden Sie die innere Überzeugung des »Ich bin …«. Nur dadurch gelangen Sie zu Ihrer Haltung, die andere zur Überzeugung gelangen lässt: »Er bzw. sie ist …«

Das klingt einfach, gehört aber zur Champions League der Arbeit an sich selbst. Aber wenn Sie als Leader oben mitspielen wollen, bleibt Ihnen nichts anderes übrig, als diese Herausforderung anzunehmen und zu meistern.

Falls Sie sich jetzt fragen, ob Sie genug Werte finden, deren Aspekte Sie zu Ihrem Sein machen können: Sie werden rasch bemerken, dass ein Gedanke bzw. ein Wert zum nächsten führt.

Nehmen wir wieder den Mut als Beispiel. Wenn Sie diesen mit klarer Kommunikation verknüpfen, werden Sie höchstwahrscheinlich sehr offen agieren wollen. Doch was bedeutet »Offenheit« für Sie und wie definieren Sie diesen Aspekt? Vielleicht so: »Offenheit bedeutet für mich, dass ich Menschen, Ideen, Situationen und Gesprächen offen begegne und alles annehme, wie es ist, ohne vorschnell zu urteilen.«

Sie sehen: Das ist kein Projekt, das schnell abgehakt ist. Im Idealfall ist es ein kontinuierliches Hinterfragen, Überprüfen und Erleben, das jedoch nicht als schwere Bürde erscheint, sondern als lustvolle Selbstoptimierung und spannendes Finetuning der individuellen Ausstrahlung.

Ganz wichtig: Welche Werte Sie sich auch immer aussuchen, welche Aspekte Sie definieren und was Sie beschließen zu leben – es macht wenig Sinn, über das Thema Werte mit anderen zu reden. Werte werden von anderen am besten gespürt, wenn sie bewusst und aufrichtig vorgelebt werden. Die Magie entsteht in der Praxis, nicht in der Theorie.

Aber natürlich hilft es, wenn Sie zum Beispiel neuen Mitarbeiterinnen oder Mitarbeitern gegenüber klar zum Ausdruck bringen, was Ihnen wichtig ist und was für ein Verhalten Sie erwarten und unterstützen. Zum Beispiel so: »Mir ist Offenheit im Team ein großes Anliegen, daher möchte ich gerade am Anfang – also in den ersten Monaten – alle Fragen, die Sie beschäftigen, beantworten. Fragen Sie viel und Sie werden, wenn es möglich ist, klare Antworten erhalten. Das können Sie von mir erwarten!«

Wenn Sie Ihre Haltung dann auch noch leben und hin und wieder auch in Erinnerung rufen, dann weiß man, woran man bei Ihnen ist. Ihre Werte haben Sie gegenüber Ihrer Umwelt definiert. Sie sind für Mitarbeiterinnen und Mitarbeiter greifbar und verlässlich und Sie können authentisch führen. Sie geben eine Richtung vor und zeigen Haltung.

Sie sind, wer Sie sind, wer Sie sagen, dass Sie sind. Sie handeln, wie Sie sagen, dass Sie sind. Mit anderen Worten: ein Leader.

Das klingt vielversprechend, oder? Die Schattenseite ist, dass all das, was Sie sich oft über Jahre hinweg aufbauen, recht schnell in sich zusammenfallen kann, wenn Sie einmal keine Haltung an den Tag legen. Sobald Sie nicht mutig, nicht klar, nicht authentisch handeln, leidet ihre Führungskompetenz, weil Menschen dann plötzlich verunsichert sind, was Sie von Ihnen erwarten können. Suchen Sie sich also Ihre persönlichen »Trademark-Werte« gut aus und seien Sie dabei – wie schon so oft erwähnt – sehr ehrlich zu sich selbst. Denn im komplexen Führungsalltag warten hinter jeder Ecke Situationen, die Ihre Haltung fordern und erfordern – ebenso wie Menschen, die sie von Ihnen einfordern. Das kommt jetzt nicht wirklich überraschend, aber spielen wir trotzdem ein Beispiel unter dem Aspekt der Wertehaltung gemeinsam durch.

Wie verhalten Sie sich in folgender Situation richtig, wenn Sie sich zum Beispiel die Werte Mut, Offenheit und Effizienz auf Ihre persönliche Führungsfahne geschrieben haben?

Eine Mitarbeiterin steht kleinlaut und beschämt vor Ihrem Schreibtisch und erklärt, dass sie »einen großen Fehler gemacht hat«. Das Problem: Sie hat einem wichtigen Kunden eine falsche E-Mail geschickt, die er nicht zu Gesicht bekommen sollte, und traut sich nun nicht, diesen Irrtum mit einem Telefonat aufzuklären. Sie kennen den betroffenen Kunden recht gut. Er ist bereits lange in einer Geschäftsbeziehung mit dem Unternehmen und tatsächlich wichtig für den Umsatz der Abteilung. Durch die lange Bekanntschaft haben Sie zudem einen recht guten Draht zu ihm. Instinktiv spüren Sie also sofort, dass dieses Problem recht leicht zu lösen sein wird.

Sie kennen aber auch die betroffene Mitarbeiterin sehr gut. Sie ist recht konfliktscheu, bringt sich aber des Öfteren durch Unachtsamkeit in Situationen wie diese. Meistens findet sich dann jemand, der an ihrer Stelle die Kastanien aus dem Feuer holt.

So ist es auch diesmal. Sie bittet Sie als Führungskraft, den Kunden anzurufen und die Sache für sie zu klären. Sie müssen gleich zu einem wichtigen Termin und deshalb also schnell entscheiden. Führen Sie sich noch einmal Ihre drei Werte vor Augen, die Sie in diesem Beispiel leben wollen. Was tun Sie? …

Wir lassen Ihnen hier bewusst ein wenig Zeit, um sich in eine ziemlich alltägliche Situation hineinzuversetzen, die aber dennoch für Ihre Haltung so wichtig ist wie jede andere Situation, in der Sie sich Tag für Tag wiederfinden können.

Eines wird Ihnen vermutlich schnell klar sein, wenn Sie Ihre Werte in die Überlegungen einbeziehen: Selbst zum Hörer zu greifen (ob sofort oder nach dem anstehenden Termin) wird keine Lösung sein, die Ihre Haltung widerspiegelt. Es mag verlockend sein, mit dem Umsatz des Kunden im Hinterkopf, den Irrtum auf der persönlichen Ebene rasch aufzuklären. Aber mit Ihren Werten, Ihrer Haltung deckt sich das nicht. Es wäre nicht mutig, nicht offen und auch nicht effizient, denn höchstwahrscheinlich würde die Mitarbeiterin schon bald wieder einen derartigen Vorfall auslösen und bei Ihnen vorstellig werden.

Stattdessen können Sie so reagieren: Nehmen Sie sich ein paar Minuten Zeit für die Mitarbeiterin und sagen Sie ihr ganz offen, dass die Situation nicht in Ordnung ist, aber das so etwas schon einmal passieren kann. Wer arbeitet, macht Fehler! Fragen Sie die Mitarbeiterin dann, was aus ihrer Sicht die beste Lösung für das Problem wäre. In der Regel macht sich jeder Mensch Gedanken über Situationen, bevor er diese anspricht. Geben Sie ihr ein wenig Zeit, diese Gedanken zu formulieren.

Nun fragen Sie die Mitarbeiterin, wer ihrer Meinung nach das Problem lösen sollte. Sie kennen die Antwort – also fügen Sie vielleicht eine Erinnerung hinzu: »Wer hat die Situation verursacht?« Dadurch wird der Mitarbeiterin rasch klar, dass Sie Selbstverantwortung und verantwortungsvolles Handeln erwarten und unterstützen. Dies können Sie auch noch sehr klar unterstreichen: »Ich stehe voll hinter Ihnen und ich bin mir sicher, dass Sie die richtigen Worte finden werden. Sollte es Schwierigkeiten geben, bin ich da und helfe.«

In fünf Minuten haben Sie alle Werte unter Beweis gestellt und weitergegeben. Die Mitarbeiterin löst ihr Problem, wächst daran, lernt und weiß, dass Sie hinter ihr stehen.

Wenn Sie jetzt vielleicht auch noch Disziplin als Wert definiert haben, sollten Sie an dem Thema dranbleiben und bei nächster Gelegenheit erfragen, wie das Ganze ausgegangen ist und wie es der Mitarbeiterin danach ging. »Was haben Sie mitgenommen?« und »Was denken Sie, wie man solche Situationen in Zukunft vermeiden kann?« sind Fragen, die zusätzlich für Klarheit und Verantwortungsbewusstsein sorgen. Unter der Oberfläche transferieren Sie zudem authentisches Wertebewusstsein an die Mitarbeiterin.

Sie merken: Es ist eigentlich ziemlich selbstverständlich, sein Wertesystem zu leben, wenn man es klar für sich definiert hat. Wichtig ist, dass man in den jeweiligen Situationen authentische Entscheidungen trifft, die diese Wertehaltung klar zeigen. Und zwar nicht nur einmal am Tag, sondern durchgehend und ausnahmslos. So ganz nebenbei werden Sie dadurch auch mehr Zeit für wichtige Dinge haben, denn wenn Ihre Wertehaltung auf Ihr Team übergeht, wird dieses schon bald ähnlich verantwortungsbewusst handeln.

Auch hier gibt es kein festes Ziel. Sie werden sehen, dass es in dieser gemeinsamen Entwicklungsreise immer wieder neue Stationen gibt, die Sie für sich persönlich oder auch gemeinsam mit Ihrem Team anstreben und erreichen.

Vielfalt im Wertesystem

Ein kurzer Sidestep zur Bedeutung von Vielfalt beim Thema »Werte«: Natürlich ist es wichtig, ein Bewusstsein dafür zu entwickeln, dass Sie hier über Ihren Tellerrand denken sollten. Außerhalb Ihrer Werte-Komfortzone gibt es noch mehr! Werte sind etwas Unumstößliches, das jedem gegenüber – also unabhängig von Geschlecht, Herkunft, psychischer Beeinträchtigung, sexueller Orientierung und physischer Gesundheit – entweder gelebt wird oder nicht gelebt wird.

Dieser Hinweis mag Ihnen vielleicht selbstverständlich erscheinen. Trotzdem ist es gut, sich bewusst vor Augen zu führen, dass man bei einer festen Grundhaltung keine Unterschiede machen kann, wem gegenüber man sie zeigt und wem gegenüber nicht. Das heißt, man kann das zwar tun, aber man würde damit seine Grundhaltung (und damit die eigene Führungspersönlichkeit) automatisch ad absurdum führen. Denn wenn man Menschen im Team unterschiedlich behandelt, wird man sofort unberechenbar, unfair und intransparent. Abgesehen davon zeichnet wahre Leader auch aus, dass sie nicht über Lebensumstände, Entscheidungen oder Persönlichkeitsmerkmale urteilen, die andere als Mensch gewählt haben oder ganz einfach auf den Weg mitbekommen haben.

Es ist vor allem eine Frage der persönlichen Reife, sich niemals als Mensch über andere zu stellen. Das hat nichts mit politischer Korrektheit, Antidiskriminierungsgesetzen oder mit Kalkül zu tun. Wahre Leader leben diese Offenheit aus Überzeugung und wissen, dass es nur Unterschiede in der Position, aber niemals ein Herabblicken auf andere geben darf – schon gar nicht, wenn man berufliche Verantwortung für andere Menschen hat.

Ein Wertesystem, das Frauen weniger fördert als Männer, sexistische Handlungen gegenüber Frauen zulässt, Menschen mit Behinderung diskriminiert oder Homosexuelle anders behandeln lässt, offenbart eine derartige Schieflage, dass niemand – auch nicht jene, die vermeintlich davon begünstigt werden – darin Halt finden.

Darum noch einmal in aller Deutlichkeit: Was jemand für sich als Mensch definiert hat, zum Beispiel seine sexuelle Orientierung, darf für Leader keinen Unterschied machen, wie auch die Herkunft von Personen. Leader stellen sich die Frage, ob eine Person ins Unternehmen passt, welches Potenzial sie oder er mitbringt und wie dieses Potenzial am besten zur Entfaltung gebracht werden kann. Nur mit dieser Offenheit allen gegenüber können sie jene Stärke und Standfestigkeit entwickeln, die für eine wertebasierte Führung notwendig ist, und sie finden dabei auch noch die besten Mitarbeiter und Mitarbeiterinnen für ihr Unternehmen.

Wie privat darf es werden?

Eine der ersten »Nebenwirkungen« einer starken inneren Haltung ist der Bedeutungsverlust von so manchen oberflächlichen Dingen. So werden Sie nach der Ausarbeitung und Belebung Ihrer Wertepersönlichkeit rasch merken, dass es Ihnen relativ gleichgültig sein wird, ob Sie mit jemandem per Du oder per Sie sind. Respekt und die Wertschätzung, die Menschen einander entgegenbringen, haben nur selten wirklich etwas mit den Masken zu tun, die sie sich aufsetzen. Wahre Anerkennung auf Augenhöhe kommt von innen – oder gar nicht.

Trotz Ikea, Starbucks, Hipstertum und Nerd-Kultur ist die Frage, ob Vorgesetzte und Team per Du oder per Sie sind, mancherorts noch immer heiß diskutiert. Die Wahrheit ist, dass eine derartige Entscheidung nur sehr schwer als Unternehmensregel über alle Bereiche gestülpt werden kann. Das ist auch der Grund, warum das nur vereinzelt passiert und dann eher eine Marketingentscheidung ist. Bei Ikea zum Beispiel sind Mitarbeiterinnen und Mitarbeiter mit ihren Vorgesetzten nicht automatisch und per Vereinbarung per Du – auch wenn die Kunden in Werbebotschaften geduzt werden. Und es gibt sicherlich Konzerne, in denen sich Abteilungsleiterinnen und -leiter auch nach 10 Jahren Arbeit mit demselben Team noch mit »Frau« bzw. »Herr« ansprechen lassen.

Sie sehen schon, worauf wir hinauswollen: Formalitäten sind zwar ein Thema und müssen auch für Leader etwas sein, das im Blick behalten wird, aber im Großen und Ganzen lässt sich sagen, das die Zeiten der bewusst abgesteckten Sie-Distanzen sich langsam dem Ende nähern. Die nachrückenden Generationen an Führungskräften fordern diese bewusste Betonung eines hierarchischen Unterschieds nicht mehr unbedingt ein. Die nachrückenden Generationen an Mitarbeiterinnen und Mitarbeitern sind vom Du auf Social Media geprägt.

Da wir aber die Welt in diesem Buch vor allem aus der Sicht von Leadern betrachten, ist es weitaus interessanter, wie ein Kontakt auf Augenhöhe funktioniert, ohne dass es einen negativen Einfluss auf die Zusammenarbeit hat – also auf Autorität, Respekt und den schon alleine durch die verschiedenen Positionen gegebenen Unterschied an Verantwortung.

Eines haben wir schon zuvor festgestellt: Konventionen und Regeln sind es nicht, die Leader zu Leadern machen. Und auch ein Wechsel von Siezen auf Duzen spielt für Leader normalerweise keine wesentliche Rolle. Dennoch ist das Du-Wort für beide Seiten eine mögliche Falle, wenn man das Gefühl für Grenzen verliert und diese möglicherweise unbewusst überschreitet.

Es stellt sich außerdem die generelle Frage: Wie nahe sollen Leader an ihren Mitarbeiterinnen und Mitarbeitern dran sein? Klare Antwort: Sie sollten alles über die Menschen wissen. Warum? Weil sie nur dann wirklich einschätzen können, warum zum Beispiel jemand aus ihrem Team keine gute Performance liefert.

Auch wenn in den meisten Stellenanzeigen noch immer »hohe Belastbarkeit« gefordert wird, kann kein Mensch immer 100 Prozent geben. Die Hochs und Tiefs, die jeder durchlebt, sollten Sie bei Ihrem Team nicht nur wahrnehmen, sondern am besten auch den Grund dafür kennen: Baut Herr A gerade ein Haus, hat Frau B eine kranke Mutter, die sie zu pflegen hat? Erwartet die Frau von Herrn C ein Kind?

All diese Motive, auch weitaus banalere Lebenssituationen, verschieben Prioritäten in den Köpfen der Betroffenen. Frau D, deren Kind gerade krank ist, oder Herr E, dessen Vater gerade eine Demenzdiagnose bekommen hat, sind jetzt und in der nahen Zukunft mit Sicherheit nicht die gleichen Mitarbeiterinnen bzw. Mitarbeiter, die Sie aus der Vergangenheit kennen.

Unsere Lebensumstände tragen wesentlich dazu bei, wie wir unsere Arbeit leisten. Eine Führungskraft mit ausgeprägten Instinkten kennt zu jeder Zeit die Lebensumstände der Mitarbeiterinnen und Mitarbeiter. Dazu braucht es Nähe.

Diese Nähe sollte auch umgekehrt wirken. Sprich: Ihr Team sollte in etwa auch Ihre Lebensumstände kennen – zumindest soweit es für die gemeinsame Arbeit wichtig ist. Denn schließlich sind auch Leader Menschen und nicht perfekt.

Nun kommt das große Aber: Das private Leben der anderen wahrzunehmen, heißt jedoch nicht, dass man mit jedem ein Bier trinken gehen sollte oder dass man sein Herz bei Liebeskummer jedem ausschütten sollte.

Auch Führungskräfte laufen Gefahr, durch mangelndes Bewusstsein irgendwann Grenzen zu überschreiten. Dann erpressen sie möglicherweise auf emotionale Weise Teammitglieder mit der Nähe und dem guten Draht zueinander und es wird sehr schnell zu persönlich. Das darf das Du-Wort oder Nähe nie auslösen! Der Respekt vor dem Menschen muss unbedingt erhalten werden.

Ein anderes Beispiel sind Führungskräfte, die es beim Erzählen von privaten Dingen nicht so genau nehmen und ihren Mitarbeiterinnen und Mitarbeitern ihr Herz bei Beziehungs- und anderen Problemen ausschütten. Für Leader ist das ein absolutes No-Go – nicht, weil es sich »nicht gehört«, sondern weil sie ihre Grenzen kennen, wahren und leben. Ein Leader weiß immer, wie weit er gehen sollte bzw. wie weit er andere an sich heranlässt.

Trotz aller persönlichen Nähe und Herzlichkeit gibt es immer eine gewisse Abgrenzung zu anderen Menschen, die man nicht zu seinen engen Freunden zählt. Nehmen Sie sich Zeit, diese Grenze für sich zu definieren und dann konsequent zu wahren!

Vielleicht wundern Sie sich, wieso uns dieser Aspekt bei der Führung von Menschen so wichtig ist. Es ist eine Facette der Ehrlichkeit zu sich selbst, die vielen angehenden Leadern Schwierigkeiten bereitet. Wer sich dieser speziellen Problematik nicht bewusst ist, kommt recht schnell in eine persönliche Zwickmühle – vor allem, wenn einem die eigenen Mitarbeiterinnen und Mitarbeiter sehr sympathisch sind.

Und auch darauf wollen wir noch einmal bewusst hinweisen: Wenn Sie eine gezogene Grenze nicht selbst Tag für Tag und in jeder Situation einhalten können, werden Sie von Ihrem Team als schwach und unzuverlässig gesehen werden. Dann sind Sie das genaue Gegenteil von einem Leader.

Nur jene Menschen, bei denen man jederzeit erkennt, welche Werte sie – egal wem gegenüber – konsequent und geradlinig vertreten, wirken als Führungskraft authentisch, selbstbewusst und verlässlich. Die Arbeit, dieses »Sein« mit Leben zu erfüllen und es somit nicht zu einem »Schein« werden oder gar verschwinden zu lassen, ist eine Aufgabe, die im Grunde nie aufhört, wenn Sie Leader werden, sein und bleiben möchten.

Die gute Nachricht: Sobald Sie das einmal verinnerlicht haben, setzen Sie es um, ohne dass Ihnen das als Bürde oder Last vorkommt. Denn dann haben Sie sich gefunden und bleiben aus Überzeugung bei sich. Dann haben Sie erkannt, dass Ihnen gelebte Werte Menschlichkeit, Ehrlichkeit und Selbstbewusstsein geben und Sie stark, authentisch und lebensnah wirken lassen.

Dann genießen Sie auch aus vollen Zügen, was Sie dadurch bei anderen auslösen und zurückbekommen: jenen Respekt und jene Offenheit, die Sie für Ihre klare Führungsarbeit benötigen.

Stellen Sie sich folgende Fragen:

- Wie sieht mein eigenes Wertesystem im Detail aus?
  - Wert benennen
  - Was steckt dahinter?
  - Was ist meine genaue Formulierung dazu?
  - Wie lebe ich diesen Wert im Alltag?
- Wie möchte ich in Zukunft meinen Mitarbeiterinnen und Mitarbeitern auf Augenhöhe begegnen, ohne auf Hierarchien und Macht setzen zu müssen? Was sind alternative Herangehensweisen?
- Wie kann ich in meinem Alltag eine notwendige Arbeitsnähe schaffen, aber auch einen Respektabstand einhalten?
- Wie sieht für mich die ideale Zusammenarbeit aus? Welche Voraussetzungen müssen dafür geschaffen werden?

Empathie öffnet Türen – was Einzelne bewegt, bringt alle weiter

Das Wort »Empathie« ist zumindest im öffentlichen Sprachgebrauch ein Kind des 21. Jahrhunderts. Die Fähigkeit, sich in andere Menschen hineinfühlen zu können, wurde früher ganz anders bezeichnet. In Bezug auf Führungskräfte hätte man vor 30 Jahren vielleicht gesagt, dass jemand »ein gutes Händchen für Menschen« hat (oder auf Österreichisch ein »G'spür«). Der Begriff der Empathie war eher etwas Semi-Esoterisches bzw. eine wirklich außergewöhnliche Gabe, die der »Pferdeflüsterer« Monty Roberts oder die Menschenaffenforscherin Jane Goodall besitzen – also eher eine übermenschliche Einfühlsamkeit. Doch eines hat sich nicht geändert: Unabhängig vom verwendeten Begriff suchen Unternehmen weltweit Menschen »mit dem gewissen Etwas« und meinen damit Führungskräfte, die anderen vermitteln, dass sie mehr sind als nur ein (austauschbares) Rädchen im System – nämlich Individuen mit Bedürfnissen, Gefühlen, Ängsten und Vorlieben. Oder mit anderen Worten: unverwechselbare, unvergleichliche, einzigartige Menschen.

Jahrzehntelang wurde in zahllosen Unternehmensleitbildern gebetsmühlenartig wiederholt, dass »Mitarbeiterinnen und Mitarbeiter die wichtigsten Ressourcen sind«. In der Realität sah das sehr oft anders aus – aus dem einfachen Grund, dass man Empathie seinen Führungskräften nicht per neuem Geschäftsjahr verordnen kann, wenn diese nicht schon vorher bewusst und glaubwürdig gelebt wurde. Und ehrlichweise muss man auch feststellen, dass Empathie bis zur Jahrhundertwende für Unternehmensleitungen eher »nice to have« war, solange die Zahlen stimmten.

Heute ist vieles anders und das Bemühen um Fachkräfte hat in manchen Branchen ein tatsächliches Umdenken notwendig gemacht. Ganz abgesehen von der unbestrittenen Tatsache, dass empathische Führung das Leiten von Teams erleichtert und sie auch erfolgreicher macht, wird das Eingehen auf die eigene Persönlichkeit mittlerweile von Mitarbeiterinnen und Mitarbeitern bis zu einem gewissen Grad erwartet.

Speziell die viel zitierten Generationen Y und Z und die sogenannten »Millennials« wollen sich in einem Team ernst genommen, geborgen und geschätzt fühlen. Ohne Führungskraft mit empathischen Fähigkeiten und entsprechender Sensibilität diesen neuen Grundbedürfnissen gegenüber ist das so gut wie unmöglich.

Das bringt uns zu einer Reihe von entscheidenden Fragen:

- Ist Empathie »erlernbar« oder ist sie eine »angeborene Gabe«, die man hat – oder eben nicht?
- Trägt es überhaupt zum Erfolg eines Leaders bei, wenn er bzw. sie Empfindungen, Emotionen, Gedanken, Motive und Persönlichkeitsmerkmale einer anderen Person zu erkennen imstande ist?
- Braucht es also Einfühlungsvermögen, um gut führen zu können, oder reicht es aus, einfach »nett« zu sein?

Problematisch emphatisch – Teil 1

Anton, Theo und Walter sind Brüder, die in ihrer Jugend unzertrennlich waren und vieles miteinander durchlebt oder diskutiert haben. Auch wenn sie verschiedene berufliche Karrieren in unterschiedlichen Unternehmen eingeschlagen haben, teilen sie die gleichen Werte und Ansichten über das Leben und vor allem über den richtigen Umgang mit Menschen.

Alle drei sind im Laufe ihrer Karriere Führungskräfte geworden und unterstützen einander auch bei schwierigen Situationen – sehr oft telefonisch, manchmal auch im Rahmen ihrer regelmäßigen Treffen, bei denen die Brüder über Gott und die Welt diskutieren. Bei einer dieser Zusammenkünfte dreht sich das Gespräch um Empathie und was man darunter eigentlich zu verstehen habe. Alle drei legen großen Wert darauf, als Führungskraft möglichst empathisch zu agieren, aber da dies schon lange eine verinnerlichte Haltung für alle drei ist, fällt es ihnen gar nicht so leicht, die Eckpfeiler dieser Lebenseinstellung in Worte zu fassen.

»Wenn ich so darüber nachdenke«, sagt Anton, »ist es für mich wahrscheinlich viel leichter zu definieren, was Empathie mit Sicherheit nicht ist.«

»Wie das?«, fragt einer seiner Brüder.

Anton: »Nun, erinnert euch an die Geschichten, die jeder von uns mit Vorgesetzten erlebt hat, als wir noch keine Führungskräfte, aber natürlich schon selbst empathisch waren.«

Die drei Brüder lachen auf und genießen den Moment des gemeinsamen Zurückerinnerns an alte Zeiten und vergangene Gespräche.

»Na gut«, meint Walter. »Wenn ihr eine Geschichte auswählen müsstet, die am besten beschreibt, was Empathie nicht ist – welche würdet ihr wählen?«

Die drei Brüder denken nach. Dann lacht Theo: »Okay, ich habe eine.«

»Lass hören!«, sagen die beiden anderen.

Theo: »Erinnert ihr euch daran, wie ich in der neu gegründeten Organisation in der Abteilung mit dem schrecklichen Vorgesetzten anfing, der in meinen Augen über keinerlei soziale Fähigkeiten verfügte.«

Walter: »O ja, das Protektionskind?«

Theo: »Genau. Wir sind später draufgekommen, dass er irgendwie mit dem Geschäftsführer verwandt war und direkt von der Universität kommend mit der Führung einer 20-köpfigen Abteilung betraut worden war.«

Anton: »Jetzt erinnere ich mich auch. Aber was ist dein Nicht-Empathie-Moment?«

Theo: »Nun, wie ihr wisst, war ich ein sehr unbequemer Mitarbeiter – vor allem, wenn es darum ging, dass Menschen ungerecht oder fragwürdig behandelt wurden.«

»Ja, das klingt nach dir«, bemerkte Anton lachend.

Theo: »Ich beschwerte mich also einige Male, wenn der Abteilungsleiter in meinen Augen fahrlässig handelte. Natürlich war das meinem

Ruf bei ihm nicht unbedingt zuträglich, zumal er sich selbst für eine vorbildliche und – Achtung! – empathische Führungskraft hielt.«

Die Brüder lachen wieder.

Theo: »Auf jeden Fall bat er mich eines Tages in sein Büro und begann ein seltsam unnatürliches Gespräch, in dem er mir mit gedämpfter Stimme erklärte, dass ihm aufgefallen sei, dass ich unglücklich bin. Zuerst dachte ich, dass er mir vielleicht kündigen will, aber dann spürte ich, dass er irgendwie das Ziel verfolgte, mir zu helfen.«

Anton und Walter lauschen gebannt.

Theo fährt fort: »Dennoch wirkte alles nicht authentisch und ich konnte mir auch nicht vorstellen, dass nach alldem, was passiert war, er sich plötzlich als empathischer Mensch entpuppen würde. Jedenfalls meinte er plötzlich, dass er einen Vorschlag für mich habe. Ich rechnete mit einer Lösung für die vielen menschlichen Probleme, die es aktuell in der Abteilung gab. Doch er öffnete nur eine Schublade und schob mir plötzlich einen Medikamentenblister mit homöopathischen Stimmungsaufhellern über den Tisch.«

Alle drei lachen.

Theo: »Zuerst war ich perplex, dann bin ich aufgestanden und habe das Zimmer verlassen. Aber ich habe noch viele Wochen darüber nachgedacht. Für mich war das damals die empathische Bankrotterklärung eines Menschen, der nicht einmal ansatzweise verstanden hatte, was es bedeutet, Führungsverantwortung zu übernehmen.«

Anton und Walter klatschen Beifall. »Ein wirklich schönes Beispiel.«

Grundsätzlich haben Menschen – vor allem Führungskräfte – mit besonders ausgeprägten empathischen Fähigkeiten engere persönliche Beziehungen und können sich dadurch selbst und andere stärker motivieren. Warum? Weil sie instinktiv erkennen, wo jemand steht und was er bzw. sie in der Situation oder Lebenslage benötigt. Umgekehrt vertraut man Menschen mit Einfühlungsvermögen eher und man lernt schneller von ihnen.

Da wir in diesem Buch ja hauptsächlich von Leadern (und nicht von Führungskräften) sprechen, müssen wir auch bei der Empathie hohe Maßstäbe als Ideal annehmen. Denn wahre Teamleader zeichnen sich in der Regel durch hohe Einfühlsamkeit gegenüber ihren Mitarbeiterinnen und Mitarbeitern aus. Sie spüren, wann wo der Schuh drückt, bevor die entsprechende Information artikuliert wird, und begegnen kleinen Unstimmigkeiten sofort aktiv und in einer Weise, die von den handelnden Personen als positiv, hilfreich oder motivierend empfunden wird.

Aber worauf kommt es hierbei an? Empathie ist keine angeborene Superkraft, sondern zu einem großen Teil auch erlerntes bzw. trainiertes Verhalten. Genauer gesagt geht es hier um Achtsamkeit – also um ein bewusstes Wahrnehmen der Umwelt und von Menschen.

Gestik, Mimik, Körpersprache, Stimme und natürlich Aussagen von anderen lassen achtsame Menschen recht exakt erkennen, wie es dem bzw. der anderen geht. Für Außenstehende ist es oft unerklärlich, wie Menschen andere Menschen lesen können. Für achtsame Menschen ist es ein lebenslang angelerntes Handwerk.

Achtsamkeit bedingt natürlich nicht nur ein bewusstes Beobachten, sondern vor allem aktives Zuhören. Beides erfordert ein wenig Zeit, die sich Leader auch nehmen. Denn sie wissen, dass sich der dadurch entstehende Mehrwert für beide Seiten auszahlt. Warum? Weil sie dann über Dinge im Bilde sind, die zu artikulieren, zuzugeben, sich selbst einzugestehen oder überhaupt an sich selbst wahrzunehmen sich Menschen oft schwertun.

Empathische Leader wissen nach einem solchen Gespräch nicht nur, wie es dem Gegenüber geht, sondern kennen die Ursachen, die Motive und in erster Linie auch die persönlichen tief sitzenden Eigenheiten. Letzteres sind Informationen, die fortan in jedem Dialog mit der betroffenen Mitarbeiterin bzw. mit dem betroffenen Mitarbeiter automatisch miteinfließen und dabei helfen, individuell zugeschnittene Führung zu geben. Im Idealfall ist das die Grundlage für ein Vertrauensverhältnis, das in Zukunft dabei hilft, sehr klar, offen und wertschätzend miteinander umzugehen, was sich positiv in der Zusammenarbeit miteinander und im Team auswirkt.

Klingt wunderbar, ist aber wie so vieles in diesem Buch etwas, dessen Umsetzung ambitionierte Arbeit an sich selbst erfordert. Denn die bewusste, achtsame Wahrnehmung ist nur der erste wichtige Teil. Der zweite ist die angemessene Reaktion auf das Wahrgenommene.

Sind Sie dazu bereit (und in der Lage), nach der Wahrnehmung in Resonanz zu gehen, Verständnis mit Worten und Handlungen zu zeigen,

Mitgefühl zum Ausdruck zu bringen und auch als Führungskraft zu akzeptieren, dass die entsprechende Situation für Ihr Gegenüber vielleicht doch nicht so einfach ist, wie sie scheint? Und nur zur Erinnerung: Wir sprechen hier nicht von übersensiblen Samthandschuhberührungen oder einer semi-esoterischen Blümchenromantik, sondern von einer respektvollen, aufrichtigen, menschlichen Begegnung auf Augenhöhe – und zwar auf Dauer. Denn mit einem Mal ist es nicht getan.

Wie reagiert der bzw. die andere auf Ihre Reaktion? Wie Sie auf seine bzw. ihre Wahrnehmung? Verständnis, Resonanz und Antizipation – schlagen Sie den empathischen Weg ein, sind Sie in einer Art positiver Endlosschleife unterwegs. Mehr noch: Nur in einer authentischen Endlosschleife, werden Sie auch als empathisch wahrgenommen.

Empathisches Verhalten ist kein kurzfristiges Tool, sondern eine immerwährende innere Haltung!

Problematisch emphatisch – Teil 2

»Okay, ich habe auch ein schönes Beispiel für Nicht-Empathie«, sagt Walter und beugte sich leicht vor, um sich als Erzähler mehr Präsenz zu verleihen. »Ich hatte einst einen jungen Vorgesetzten, der sicherlich die besten Absichten hatte, aber leider nicht sehr kreativ bzw. selbstreflektiert in seiner Auffassung von Empathie war.«

»Inwiefern?«, fragen die Brüder.

Walter: »Nun, er hatte nicht nur erhebliche Selbstzweifel hinsichtlich seiner Eignung zur Führungskraft, sondern auch ein winziges Repertoire an Handlungsmöglichkeiten. Eigentlich war es nur eine einzige Handlung: Wann immer er das Gefühl hatte, dass es ein Problem in der Abteilung gab, bestellte er Pizza für alle auf seine private Rechnung.«

»Ich erinnere mich«, lacht Theo.

»Dann wurde die Pizza im Gemeinschaftsraum gemeinsam gegessen, was zugegebenermaßen eine angenehme Abwechslung war – aber das Problem selbst wurde vom Vorgesetzten nie angesprochen. Er war wohl der Meinung, dass Führungskraft durch den Magen geht und wir das dann schon selbst untereinander regeln.«

»Jetzt neu: Pizza als Führungstool«, meint Anton zynisch.

»Das Spannendste an der Sache war aber«, fährt Walter fort, »dass es in dieser Abteilung meistens gar keine Probleme gab. Die Pizzabestellung war somit für uns lediglich ein Zeichen dafür, dass der Chef ein Problem mit seinem Selbstbild hatte. Und eigentlich hätte er Zuspruch und vielleicht ein offenes Ohr nötig gehabt. Aber diese Aufgabe wollte natürlich niemand übernehmen.«

Theo: »Nicht sehr empathisch.«

Walter: »Aber auch nicht unsere Aufgabe. Jedenfalls haben wir dann so zirka einmal in der Woche ein Problem in der Abteilung angedeutet, wenn wir Lust auf Pizza hatten.«

Die Brüder lachen.

»Eigentlich eine schreckliche Geschichte, die so gar keinen Hauch von Empathie enthält«, sagt Anton.

Walter: »Und darum ein gutes Beispiel für Nicht-Empathie.«

Sie erinnern sich: Haltung zu zeigen, erfordert Disziplin. Viele Führungskräfte, die mit der Notwendigkeit von Empathie konfrontiert sind, beklagen sich darüber, wie anstrengend der Fokus auf Wahrnehmungen und der Umgang mit den Erkenntnissen ist. Doch genau dieses Dranbleiben, Überwinden, Anwenden und Meistern unterscheidet Leader von Führungskräften.

Sie kennen diese Anstrengung vielleicht aus dem Sport: Wenn Sie einen Muskel neu trainieren, schmerzt er meist, weil er »bearbeitet« wird. Zuerst tut es weh, Sie haben Muskelkater und erst nach einer gewissen Zeit wird die Bewegung zur Normalität.

Ebenso ist es mit Ihrer neuen Führungshaltung. Sie trainieren einen Bereich, dem Sie wenig Beachtung gegeben haben, merken Erfolge, aber auch Misserfolge, trainieren weiter und es wird langsam zur Normalität. Positive und negative Erfahrungen häufen sich, Sie werden souveräner und sicherer auf dem Empathieparkett. Aus der Bereitschaft, andere Menschen zu »spüren«, wird so nach und nach eine Fähigkeit.

Empathie hat viele Facetten

Aber welche Aspekte kann Empathie eigentlich haben? Einfühlungsvermögen impliziert eine Reihe von notwendigen Talenten, die oft gar nicht so leicht unterscheidbar sind. Hier lohnt sich wieder ein Blick in die Fachliteratur: Nach Lawrence Shaw, Elizabeth Segal und Tharrenos Braitsis gibt es die folgenden drei Formen von Empathie.

- **Emotionale Empathie bzw. emotionale Sensitivität:** Fähigkeit, das Gleiche zu empfinden wie andere Menschen und dabei Mitgefühl zu haben. Klassisches Beispiel: Jemand weint und man ist fähig, darauf verständnisvoll einzugehen bzw. möglicherweise sogar den Schmerz des anderen zu empfinden.
- **Kognitive Empathie:** Die Fähigkeit, nicht nur Gefühle, sondern auch Gedanken und Absichten anderer Menschen zu verstehen und daraus korrekte Schlussfolgerungen bezüglich ihres Verhaltens ableiten zu können. Bleiben wir bei unserem Beispiel oben: Hier würde man beharrlich die Ursache dessen hinterfragen, was den anderen zum Weinen bringt bzw. dermaßen starke Emotionen bei dieser Person auslöst.
- **Soziale Empathie:** Die Fähigkeit, komplexe soziale Situationen, an denen Menschen aus unterschiedlichen Kulturen und mit verschiedenen Charaktereigenschaften und Werthaltungen beteiligt sind, zu verstehen, und eine lösungsorientierte, konstruktive Kommunikation mit ihnen zu führen. Im Falle des weinenden Mitarbeiters wäre das ein Verstehen, was dieser Mensch für eine Umgebung benötigt, damit es ihm besser geht. Und mehr noch: Wie geht man als Vorgesetzter damit um und wie erklärt man die Situation dem Team? Letzteres ist dann besonders gefragt, wenn das Team selbst die Emotionen bei der Person ausgelöst hat.

All diese Formen sind eine Kunst für sich, bei der sich das Wesentliche im Stillen abspielt. Empathie ist auch deswegen so schwer greifbar, weil es eine Form der Achtsamkeit und Wahrnehmung ist, die für andere erst dann ersichtlich und erlebbar ist, wenn viele, viele Prozesse im Inneren eines Empathen abgeschlossen sind und erst dann als wahrnehmbares

Ergebnis auch wirklich nach außen dringen. Lassen Sie uns das anhand eines Best-Practice-Beispiels gemeinsam nachvollziehen:

Stellen Sie sich den idealen Leader Herrn Führinger vor, der alle drei Empathieformen in sich vereint. Da er so exzellent führt, steht er mittlerweile einem Team vor, dem einige für das Unternehmen immens wichtige kreative Menschen angehören.

Bei einer dieser Schlüsselpersonen aus seinem Team fällt Herrn Führinger eines Tages eine Veränderung auf – nichts Gewaltiges, Besorgniserregendes, Unübersehbares, sondern nur eine Nuance, die der trainierten Achtsamkeit unseres Idealleaders nicht entgeht.

Herr Führinger beobachtet weiter. Wie verändert sich die Person? Was genau verändert sich? Dann beginnt er behutsam die Umgebung miteinzubeziehen. Welche Veränderungen haben die Kolleginnen und Kollegen wahrgenommen (Müdigkeit, zunehmende Krankenstandstage, negative Bemerkungen ...)?

Nach einiger Zeit glaubt Herr Führinger ganz gut einordnen zu können, wo bei der Schlüsselperson der Schuh drücken könnte (familiäre Situation, körperliche Probleme, Stress durch zu große Projektverantwortung ...).

Zur Erinnerung: Bis zu diesem Zeitpunkt hat Herr Führinger noch nicht direkt mit der betroffenen Person gesprochen! Ihm war aufgrund seiner großen Erfahrung klar, dass es angemessene und überlegte Resonanz braucht – auch um das Vertrauensverhältnis zwischen der Schlüsselperson und ihm nicht zu gefährden.

Nun bereitete sich Herr Führinger bewusst auf das persönliche Gespräch mit der Schlüsselperson vor. Er entwickelte Fragen, um die getätigten Beobachtungen und gesammelten Informationen gegenzuchecken und neue Sichtweisen zu bekommen. Schließlich könnte er ja falsch liegen und ganz unrichtige Ursachen vermutet haben.

Als letzter Akt erfolgt das Gespräch – in einer ruhigen Umgebung mit ausreichend Zeit und in einer wertschätzenden Atmosphäre. Dort werden schließlich gemeinsam notwendige Maßnahmen erarbeitet.

Herrn Führinger geht es bei alldem nicht darum, das Leben des Mitarbeiters zu retten oder ihn zu therapieren, sondern darum, dass es dem Mitarbeiter mit der ihm zugedachten Arbeit und Verantwortung weiterhin gut geht.

Und nun wollen wir auch noch mit einem anderen Klischee aufräumen: Empathische Führung bedeutet nicht, alles hinzunehmen, permanentes Verständnis zu haben und andere Menschen durch Gelassenheit, stoische Ruhe und zen-artige Lebensphilosophie zu besseren Menschen zu machen.

Gute Führung (auch die empathische) hat zum Ziel, das Unternehmen mit gewissem Erfolg am Laufen zu halten und die daran beteiligten Menschen so zu unterstützen, dass sie gute Arbeit leisten können. Da Menschen aber keine Maschinen sind, braucht es dazu Emotionssensibilität und ein Bewusstsein dafür, dass es bei Menschen, mit denen man arbeitet, immer Hochs und Tiefs gibt, auf die man als Leader einzugehen hat – unausgesprochen oder ausgesprochen.

In dem Beispiel oben hat Herr Führinger verstanden, dass der Betroffene lange Zeit exzellente Arbeit geleistet hat und es auch in Zukunft tun wird. Er hat aber auch rechtzeitig wahrgenommen, dass sich der Mitarbeiter augenblicklich in einem Tief befindet und in dieser Phase Unterstützung benötigt, damit es für ihn, für das Team und letztlich auch das Unternehmen wieder nach oben geht.

Und noch etwas Wesentliches hat Herr Führinger richtig gemacht – allerdings schon lange vor dem aktuellen Fall: Er trainierte seine Selbstwahrnehmung und hat damit seinen empathischen Führungsstil überhaupt erst möglich gemacht. Denn nur wenn man weiß, wer man ist, kann man Empfindungen zuordnen und klar unterscheiden, ob eine Emotion von einem selbst oder von jemand anderem kommt.

Mitgefühl und Empathie – ein wesentlicher Unterschied

Kennen Sie das? Jemand erzählt eine Geschichte und Sie bekommen Gänsehaut und sind berührt oder erschüttert über die positiven oder negativen Aspekte der berichteten Erfahrung? Das gründet auf zwei Ursachen: Einerseits spüren Sie in der Geschichte die Emotion des anderen. Sie sind empathisch. Doch das Empfinden hat auch einen »Eigenanteil«, wenn Sie selbst in der Vergangenheit ein ähnliches Erlebnis hatten und dadurch die Emotionen quasi »aus erster Hand« kennen. Dadurch werden zusätzliche Emotionen in Ihnen geweckt.

Je besser man über sich selbst Bescheid weiß, desto souveräner kann man auch mit starken Emotionen von anderen umgehen. Denn dann kann man bei der empathischen Wahrnehmung klar unterscheiden, ob man den anderen wahrnimmt oder ob einen die eigenen Erinnerungen überwältigen. Denn mit einem »Eigenanteil« werden Emotionen unweigerlich verstärkt.

Empathie oder Mitgefühl sind Reaktionen auf die Emotionen anderer Menschen.

- Kognitive Empathie lässt uns erkennen, dass andere fühlen.
- Emotionale Empathie lässt uns fühlen, was andere fühlen.
- Mitgefühl bringt uns dazu, andere zu unterstützen.

Diese Unterschiede zwischen Empathie und Mitgefühl lassen sich in der Gehirnforschung auch messen. Die Schmerzempathie-Experimente der US-Forscherin Tania Singer zeigten, dass das empathische »Miterleiden« von fremdem Schmerz von einem anderen neuronalen Netzwerk verarbeitet wird als das aktiv wohlwollende Mitgefühl.

Empathie ist demnach als Resonanzfähigkeit zu betrachten. Man teilt ein Gefühl mit einem anderen Menschen, ist dabei aber der Gefahr ausgesetzt, vom Ergebnis überwältigt zu werden und in empathischen Stress zu geraten.

Mitgefühl dagegen hat eine andere Qualität. Es ist mit der Fürsorge einer Mutter zu vergleichen, die ihr Kind tröstet, und ist mit positiven, beruhigenden und liebevollen Gefühlen verbunden. Während spontane Empathie gepaart mit dem Leid anderer zu emotionaler Erschöpfung führen kann, ist unter den gleichen Umständen das aktive Mitgefühl belohnend und trainierbar.

Ähnlich argumentiert auch der amerikanische Psychologe Paul Bloom. »Empathie heißt: Ich fühle das, was ein anderer Mensch fühlt. Mitgefühl bedeutet: Ich kümmere mich um den anderen, ich sorge für ihn.« Für Bloom ist Mitgefühl ein »Ausdruck der Vernunft, die zwischen dem spontanen, distanzlosen Mitempfinden und dem kalt-distanzierten Verstand vermittelt«.

Empathie ist also lern- und trainierbar. Aber es erfordert Zeit und Eigenenergie, um ein guter empathischer Leader zu werden.

Problematisch emphatisch – Teil 3

»Ich bin mir nicht sicher, ob ich diese zwei Geschichten noch toppen kann«, sagt Anton. »Ich glaube, mein Beispiel für Nicht-Empathie ist eher tragisch.«

Walter: »Oh, da geht sie dahin die gute Stimmung.«

Anton: »Na ja, hört sie euch erst einmal an. Ich war kurze Zeit in einem Unternehmen, dessen Geschäftsführerin vor Empathie nur so überging.«

Walter: »Oh ja, die Menschenfreundin!«

Anton: »Genau. Von meinem ersten Arbeitstag an sprach sie von nichts anderem als von der Wichtigkeit, als Unternehmen menschlich zu agieren und höchstmögliche Empathie gegenüber … nun … gegenüber allen zu zeigen. Das Firmencredo lautete so ungefähr, dass alle hier Freunde sind und miteinander glücklich werden.«

»Win-win hoch unendlich«, lachte Theo.

Anton: »Genau. Wenn man ihr zuhörte – und sie gab einem ununterbrochen etwas zum Zuhören – war dies das Paradies für Kunden, Lieferanten, Mitarbeiter und alle, die sich noch umarmen lassen wollten. Stellenweise hatte die Betonung dieser Grundhaltung schon etwas Wahnhaftes.«

Theo: »Und wie sah die Praxis aus?«

Anton: »Nun, ich hatte euch gewarnt, dass es eher tragisch wird. In Wahrheit wurde allen Beteiligten ins Gesicht gelächelt und dann wurden sie im Namen der Gewinnmaximierung ausgequetscht wie eine Zitrone.«

»So etwas hatte ich mir schon gedacht«, sagte Walter.

»Aber die vorgetäuschte Empathie war sehr überzeugend, muss ich sagen«, fuhr Anton fort. »Selbst ich brauchte einige Monate, bis ich dahinterkam, dass unter der Oberfläche das exakte Gegenteil von dem lauerte, was nach außen hin als Mehrwert verkauft wurde. Kurze Zeit später wurde ich dort auch gegangen – und eigentlich war ich erleichtert darüber.«

»Es gibt eigentlich nichts Schlimmeres als vorgetäuschte Empathie«, meinte Theo.

Anton: »In dem Fall war die Vortäuschung gar nicht bewusst. Irgendwie glaubte die Geschäftsführerin trotz all ihrer Handlungen selbst daran, eine wahre Menschenfreundin zu sein. Das war ein Paradoxon, das ich selbst nie verstehen konnte.«

»Nicht-Empathie kann einem ganz schön an die Nieren gehen«, meinte Walter plötzlich ernst.

»Vielleicht ist das eine gute Zusammenfassung dieses Themas«, antwortete Anton. »Wenn Empathie nicht ans Herz geht, ist es Nicht-Empathie.«

»Das hast du wahrhaft schön ausgedrückt, Bruder.«

Empathietraining – sieben Schritte für mehr Einfühlungsvermögen in Ihrem Führungsalltag

1. Beobachten Sie offen und aufmerksam!

Wenn Sie sich in einem Lokal oder auf einem öffentlichen Platz aufhalten (weil Sie vielleicht auf Kollegen, Freunde oder Familie warten), schauen Sie bewusst nicht auf Ihr Smartphone, sondern beobachten Sie die Menschen um sich herum. Achten Sie auf Gesichtszüge, Gestik, Mimik, Lautstärke in der Kommunikation miteinander. Wenn dann die Person erscheint, auf die Sie gewartet haben, setzen Sie die Beobachtung im Gespräch fort und stellen Sie Fragen, die auf Ihren Beobachtungen basieren (»Du wirkst so sorglos und frei auf mich. Stimmt das?« oder »Bist du gestresst?«) So können Sie in einer aktiven Rolle, die natürlich offen und wohlwollend bleiben sollte, überprüfen, ob Ihre zuvor gemachten Beobachtungen stimmen.

2. Werden Sie sich Ihrer eigenen Gefühle bewusst!

Versuchen Sie in der Beobachtung mit anderen zu erkennen, was jemand anderer auf Sie projiziert. Welche Rolle spielen Sie in einem Konflikt oder in einer Situation? Wenn uns jemand angreift, nehmen wir dieses Verhalten so gut wie immer persönlich. Manchmal sind wir jedoch einfach nur eine Projektionsfläche, die gerade notwendig ist, damit sich jemand uns gegenüber öffnet. Daher ist es wichtig, auf Abgrenzung zu achten, sich der eigenen Rolle und Funktion bewusst zu sein und dadurch auch nicht zu viel Energie zu investieren. Nicht alles, was Ihnen begegnet, hat auch tatsächlich mit Ihnen zu tun. Manchmal sind Sie nur ein Auslöser, der dafür sorgt, dass eine Person in bestimmter Weise agiert.

3. Versetzen Sie sich in die Lage eines anderen!
Die klassische Empathieübung: Denken Sie sich in Ihr Gegenüber und fragen Sie sich, wie Sie an ihrer bzw. seiner Stelle auf gewisse Dinge reagieren würden. Worüber würden Sie sich freuen, worüber ärgern? Was würden Sie sich von diesem Gespräch erhoffen oder was würden Sie fürchten?

4. Hören Sie bewusst zu!
Ein guter Zuhörer zu sein, ist oft schwieriger, als es sich anhört. Und dennoch ist es, wie schon erwähnt, neben dem aktiven Beobachten eine wichtige Eigenschaft für empathische Leader. Wer Verständnis und Mitgefühl zeigen will, muss vorher in der Lage zu sein, die Situation eines anderen zu verstehen. Das erfordert Bereitschaft, Bewusstsein, Zeit und angemessene Hingabe. Gute Zuhörer sind also keine passiven Lauscher, wie das so oft fälschlicherweise angenommen wird, sondern geduldige und sensible Erfasser, Nachfrager, Hinterfrager, Rückmelder und Wertschätzer.

5. Stellen Sie Fragen!
Gewöhnen Sie sich an, aktiv Fragen zu stellen, um mehr zu erfahren. Neben den klassischen »W-Fragen« (Was? Wer? Wo? Wie?) ist dabei wichtig, offene Fragen (und keine Suggestivfragen) zu stellen (zum Beispiel »Was ist eigentlich passiert?«) Welche Fragetechniken hier geeignet sind, werden wir im Laufe des Buchs noch im Detail ansprechen.

6. Nehmen Sie sich Zeit!
All Ihre Bemühungen tragen nur dann Früchte, wenn Sie sich Zeit nehmen – Zeit für das Reden, Zuhören und generell für Menschen. Empathie funktioniert nur, wenn man sich eine geeignete Umgebung dafür schafft, die es einem selbst (aber auch den anderen) erlaubt, sich zu öffnen, Vertrauen zu fassen oder zu bestätigen und tatsächlich miteinander zu reden. Letzteres umfasst mehr als den Austausch von Informationen und inkludiert auch die Zeit, um über eine Formulierung einer Antwort ein paar Sekunden in Stille nachzudenken.

7. Verpflichten Sie sich zu regelmäßiger Selbstreflexion!
Wie schon erwähnt, ist Empathie kein zeitlich begrenztes Tool, sondern eine Haltung, die nur als regelmäßiger und immerwährender Kreislauf funktioniert. Dies erfordert Disziplin und Konstanz. Schreiben Sie am besten regelmäßig Ihre Erfahrungen auf und besprechen Sie diese mit Menschen, die ebenfalls empathisch agieren können und wollen.

Dieses Empathietraining verschafft Ihnen Schritt für Schritt die Fähigkeit, in aufwühlenden und schwierigen Situationen Ruhe zu bewahren. Je öfter Sie trainieren, desto schneller finden Sie in Ihre empathische Grundhaltung!

Wo stehe ich eigentlich – die eigene Rolle im großen Ganzen erkennen

Obwohl die Position der »Chefin« bzw. des »Chefs« für viele Menschen ein Kindheitstraum ist, gibt es für viele nach der tatsächlichen Erreichung dieses Traums erst einmal ein böses Erwachen. Denn mit der schneidig-locker-lässigen Boss-Figur, die man aus Fernsehserien, Cartoons oder Filmen kennt, hat eine Führungsposition in der Regel wenig zu tun. Was man im Fernsehen und auf der Leinwand nicht sieht, sind die vielen Bereiche, in denen man Verantwortung wahrzunehmen hat und für deren Erfolg man dann letztlich auch als Person geradestehen muss.

Führung ist also nicht (um bei Filmklischees zu bleiben), die Beine lässig auf den Schreibtisch zu legen, sondern sie ist eigentlich mehr mit Hausarbeit zu vergleichen: Es gibt jede Menge zu tun, man findet kein Ende und wenn man sich nicht um sie kümmert, wächst einem alles ziemlich schnell über den Kopf.

Genau das macht diesen Job auch so herausfordernd. Als Führungskraft – aber auch als Leader – hat man ab und zu das Gefühl, als »Mädchen für alles« zu fungieren bzw. für alles irgendwie zuständig zu sein. In der Führungsverantwortung sind Sie Geschichtenerzählerin bzw. -erzähler, Lehrerin bzw. Lehrer, Psychologin bzw. Psychologe, Task-Force, Feuerwehr und dann plötzlich wieder »nur« interner Service- oder Dienstleister.

Wer sich also ein realistisches Bild einer Führungskraft vorstellen möchte, soll nicht den entspannten Big Boss am Schreibtisch visualisieren, sondern einen Menschen, der zwischen vielen Stühlen bzw. zwischen verschiedenen Fronten sitzt. Als Leader bewegt man sich notgedrungen immer zwischen dem Team, Zielen, Visionen, Vorgesetzten, internen und externen Kundinnen und Kunden und dem Unternehmen als großem Ganzen.

Gerade die Unternehmensausrichtung muss man neben dem Ausfüllen all dieser verschiedenen Rollen immer im Blick behalten. Führung ist deshalb so oft eine Gratwanderung, weil sie wirtschaftliche und menschliche Verantwortung vereint. Sie sind nicht nur dafür verantwortlich, dass Mitarbeiterinnen und Mitarbeiter sich persönlich entwickeln, ihre Aufgaben erfüllen und ihre Ziele erreichen – bei all dem sind Sie auch damit konfrontiert, dass Menschen nicht 100-prozentig berechenbar sind und der noch so hübsch und sorgfältig am Reißbrett konstruierte Masterplan immer nur etwas sein wird, an dem man sich in der Praxis orientieren kann. Jede Abweichung – und derer gibt es unweigerlich viele – ist automatisch eine Aufgabe, die über Führung in den Griff zu bekommen ist. Oder mit anderen Worten: Ihr Job!

Menschen brauchen Führung, um das leisten zu können, was das Unternehmen erreichen will.

Die gute Nachricht: Es gibt zwei simple Erfolgsfaktoren, die dafür sorgen, dass Sie all das unter einen Hut bringen, und die wir Ihnen im Folgenden erklären.

Erfolgsfaktor 1: Bewusstsein für Rolle und Funktion im Unternehmen

Wer bin ich? Was mache ich? Welche Rolle habe ich inne? Oder sind es gar mehrere Rollen? Der häufigste Grund für das Scheitern von Führungskräften ist fehlendes Bewusstsein dafür, welche Rolle sie eigentlich konkret ausfüllen sollen. Eine mögliche Ursache dafür ist, dass Führungskräfte keine entsprechenden Vorgaben vom Unternehmen bekommen. Und nein, generelle Rollen- und Funktionsbeschreibungen eines Unternehmens sind hier keine wirkliche Hilfe. Falls Sie das nicht glauben, nehmen Sie die entsprechenden Richtlinien

Ihres Unternehmens zur Hand. Passt die Beschreibung auf Ihre Funktion und Ihren Bereich? Machen Sie mehr oder weniger als dort niedergeschrieben ist? Oder vielleicht etwas ganz anderes? Ist Ihnen wirklich immer klar, was Ihre Rolle und Ihre Funktion sind und wo die Grenzen liegen?

Doch wovon reden wir hier eigentlich? Die »Rolle« ist nichts anderes als die Summe der Erwartungen anderer an jene, die agieren. In Unternehmen gibt es, wie schon erwähnt, eine Vielfalt von Rollen, die eine Führungskraft auszufüllen bzw. zu erfüllen hat. Die Erwartungen können sich auf das von außen sichtbare Erscheinungsbild oder Verhalten bzw. auf Einstellungen, Wertorientierungen oder Überzeugungen beziehen. Unter »Funktion« versteht man im Gegensatz dazu einen abgegrenzten Aufgabenbereich, der einer Person zugeordnet ist und den diese verantwortet. Sie haben als Führungskraft also höchstwahrscheinlich eine Funktion und mehrere Rollen.

Kommen wir nun zum eingangs erwähnten Dilemma: Wenn Sie sich Ihrer Rollen nicht bewusst sind und Ihre Funktion nur teilweise kennen, weil beides nie konkret mit Ihnen besprochen wurde und/oder Sie das auch nie eingefordert haben, werden Sie sich schwertun, Ihre Aufgaben zu erfüllen. Denn so ist ja nicht einmal klar, welche Aufgaben das sind – und welche nicht.

Und hier hört das Dilemma noch nicht auf: Wenn Sie selbst Ihre Rollen und Funktion nicht kennen, werden auch Ihre Mitarbeiterinnen und Mitarbeiter Verständnisschwierigkeiten haben und Sie höchstwahrscheinlich auch nicht als Leader wahr- und ernstnehmen. Das ist umso bedeutender, weil Ihre Mitarbeiterinnen und Mitarbeiter das gleiche Problem bewältigen müssen wie Sie: Auch sie haben mehrere Rollen und eine Funktion, die sie ausüben müssen. Diese Unklarheit kennt wahrscheinlich jeder, der schon einmal Mitglied eines größeren Teams war. Denn öfter als man denkt, hat diese auch Methode: Es gibt Führungskräfte, die der Überzeugung sind, dass Mitarbeiterinnen und Mitarbeiter agiler agieren, wenn die Rollenverteilung vage, unscharf und verschwommen bleibt.

Das ist natürlich grober (und manchmal auch fahrlässiger) Unfug. Jeder Mensch braucht in einer Struktur Orientierung und eine gewisse Klarheit, die auch regelmäßig besprochen und upgedatet werden sollte. Ansonsten fühlen sich Menschen in Teams bzw. Bereichen über kurz oder lang verloren und beginnen in Ermangelung von Sicherheit in ihrem Tun entweder zu resignieren oder aufzubegehren.

Um den derzeit wieder modernen Begriff der Agilität ranken sich dabei einige Missverständnisse. Agil zu führen bedeutet nicht, dass man Menschen völlig freie Hand dabei lässt, ihren Platz und ihre Bereiche zu finden, sondern das genaue Gegenteil: Leader, die auf Agilität setzen, müssen sehr viel in den Austausch mit ihren Mitarbeiterinnen und Mitarbeitern investieren, um ein aktiver Reflektor von deren Funktions- und Rollenverständnis zu sein. Agilität ist also kein Kontrollvakuum, sondern ein kurzer, regelmäßiger Zyklus der konzentrierten Abstimmung und der aus der ständig aufgefrischten Klarheit entstehenden Dynamik.

Anders veranschaulicht: Wenn Sie einmal im Jahr die Rollen und Funktionen in Ihrem Team anhand eines Jahresgesprächs checken, sind Sie für 12 Monate auf diese Verteilung fixiert. Überprüfen Sie jedoch quartalsmäßig, wo die Menschen in Ihrem Team stehen, und nehmen dann entsprechende Anpassungen vor, entsteht Agilität für alle Beteiligten.

Agilität erfordert auch den Mut, Bestehendes zu hinterfragen – am besten mit den empathischen Qualitäten, die wir bereits im vorigen Kapitel angeschnitten haben. Was das bedeutet, verdeutlichen wir am besten anhand eines konkreten Beispiels:

In einem Unternehmen war es von der Abteilung für Human Resources (HR) vorgegebene Praxis, mit »Funktionsbeschreibungen« zu arbeiten. Sprich: Führungskräfte besprachen in regelmäßigen Abständen mit Mitarbeiterinnen und Mitarbeitern deren Funktionsbeschreibung und nahmen – wenn nötig – Ergänzungen bzw. Anpassungen vor. Auch bei Strategieänderungen des Unternehmens wurden diese Funktionsbeschreibungen durchgegangen und adaptiert. Irgendwann gelangte man zur Erkenntnis, dass dies für das Unternehmen und die Führungskräfte keinen wesentlichen Mehrwert darstellte, da diese Funktionsbeschreibungen nicht standardisierbar waren. Dennoch entschloss man sich in der Unternehmensspitze dazu, diese Praxis beizubehalten. Warum? Die Beschreibungen und der Prozess der Überprüfung stellte für die Mitarbeiterinnen und Mitarbeiter eine maßgebliche Orientierungsmöglichkeit dar, die auch das Führen der Teams erleichterte. Man hatte in der gemeinsamen Betrachtung zum Wohle der

Belegschaft erkannt, dass es für Menschen wichtig ist, über die eigene Funktion möglichst genau Bescheid zu wissen. Als reines Kontroll-Tool betrachtet, hätte man die Funktionsbeschreibungen abschaffen können – als Orientierungs-Tool war es unverzichtbar.

Dies ist ein gutes Beispiel für ein Führungs-Tool, das die Führungskraft in ihrer Rolle und in ihrer Funktion bestärkt und gleichzeitig den Mitarbeiterinnen und Mitarbeitern dabei hilft, besser zu arbeiten. In diesem Fall war die wichtigste Führungsleistung die Achtsamkeit, die Wichtigkeit eines eigentlich unwichtigen Tools zu erkennen, und darauf zu beharren, dass es in Kraft bleibt.

Aber abgesehen von diesem konkreten Beispiel gilt natürlich: Wenn Sie wissen, wer Sie sind und wofür Sie stehen, wissen Sie auch, welche Rolle Sie und andere in einem Projekt übernehmen müssen, damit es erfolgreich wird. Dann können Sie das auch klar im Team oder in der Arbeitsgruppe kommunizieren.

Gerade in agilen Organisationen ist es zudem möglich, dass sich die Mitarbeiterinnen und Mitarbeiter ihre Rollen und Funktion selbst definieren und entwickeln. Dies erfordert jedoch ebenfalls einen starken, sicheren und unterstützenden Leader – nicht nur, um diese Definitionsprozesse zu unterstützen, sondern auch um zuzulassen, dass dabei wertvolles Detailwissen berücksichtigt wird – auch »bottom up«.

Leader unterstützen nicht nur, sie nehmen ihre Mitarbeiterinnen und Mitarbeiter auch ernst, wenn es darum geht, Kritik in Verbesserungen umzuwandeln. Wenn Sie jetzt denken, dass dies selbstverständlich sein sollte, sehen Sie die Welt vielleicht ein wenig zu idealistisch.

Vielen guten Führungskräften steht auf dem letzten Schritt zum Leader ihr Ego im Weg – etwa wenn es darum geht, Teammitgliedern mit guten Vorschlägen auch die Lorbeeren dafür zukommen zu lassen. Das bedeutet nicht nur, gute Ideen aufzugreifen, sondern die Urheberinnen und Urheber laufend in den entstehenden Prozess einzubinden und auch in höheren Hierarchien einzubeziehen, anstatt nach außen hin den Ruhm als Team- oder Abteilungsleiter für sich selbst einzustreichen.

Nur wahre, persönlich gefestigte, selbstsichere und durchblickende Leader können so agieren – und in Folge aus Überzeugung nicht mehr anders –, weil sie erkennen, wie dieses Führungsverhalten letztlich auch ihre eigene Position als glaubwürdiger, Haltung zeigender Leader festigt. Die gewonnenen Erkenntnisse und gefestigten Überzeugungen sorgen dafür, dass Mitarbeiterinnen und Mitarbeiter Vertrauen in sich selbst, in die Führung und in das Unternehmen gewinnen.

Die ideale Erfolgskette in der Führung von Menschen sieht folgendermaßen aus:

- Klarheit resultiert in Sicherheit.
- Sicherheit resultiert in Freiheit.
- Freiheit resultiert in Vertrauen.
- Vertrauen resultiert in Mut.
- Mut resultiert in Leidenschaft.
- Leidenschaft resultiert in Erfolg für alle Beteiligten.

Klarerweise kann auf diesem Weg auch einiges schiefgehen – vor allem, wenn Freiheit mit Planlosigkeit bzw. Agilität mit einem »Wird schon werden« verwechselt wird. Sobald eine Führungskraft es aus irgendeinem Grund verabsäumt, wirklich zu führen, kann es recht schnell in eine ganz falsche Richtung gehen.

Auch hierzu haben wir ein – zugegeben recht amüsantes, weil harmloses – Beispiel aus der Praxis:

Als ein Unternehmen sich langsam vom Familienbetrieb zu einem mittelgroßen Betrieb entwickelt hatte, wurden alle Prozesse geregelt bis auf einen. Das Besorgen von Toilettenpapier und Filtertüten für die Kaffeemaschinen war bis zu einer gewissen Größe immer so nebenbei mitgelaufen. Sprich, irgendwer im Unternehmen hatte die Dinge in Eigeninitiative besorgt. Als es irgendwann Beschwerden gab, dass dies nicht mehr funktionierte, maß der Geschäftsführer dem ganzen recht lange keine große Bedeutung bei. Schließlich hatte das ja bis jetzt immer funktioniert. Irgendwann lief es so lange nicht mehr von selbst, dass der Geschäftsführer unwillig und halbherzig diese Aufgabe zum Verantwortungsbereich einer Mitarbeiterin hinzufügte, die keine große Lust darauf hatte, diesen Job zusätzlich zu ihrer eigentlichen Tätigkeit zu erledigen. Die entsprechenden Signale wurden vom Geschäftsführer nicht erkannt. Für ihn war das alles noch immer eine unbedeutende Selbstverständlichkeit, was er auch regelmäßig anderen gegenüber so kommunizierte. Als die Mitarbeiterin plötzlich regelmäßig krank wurde und sich das Problem recht schnell wieder zeigte, dämmerte es dem Geschäftsführer, dass er die Sache möglicherweise unterschätzt hatte.

Da er es jedoch aus Scham nicht wagte, seinen Fehler einzugestehen, übernahm er stillschweigend die Aufgabe und besorgte fortan Toilettenpapier und Kaffeefilter für das gesamte Unternehmen selbst. Auch wenn er es hasste, war er doch auch irgendwie der Meinung, dass er für die Situation verantwortlich war, und biss in den sauren Apfel.

Erfolgsfaktor 2: Rahmenbedingungen, Grenzen und Verantwortlichkeiten im Unternehmen klären

Wahre Leader haben nicht nur erkannt, dass Eigenverantwortung der Schlüssel zu ihrem eigenen Erfolg ist, sondern wissen auch, dass eigenverantwortlich denkende und handelnde Mitarbeiterinnen und Mitarbeiter den Erfolg eines Teams vervielfachen. Um Mitglieder eines Teams genau dazu zu motivieren, bedarf es jedoch eines tiefen Verständnisses für das Abstecken von Grenzen und Bereichen.

Da wir schon beim Thema Toilettenpapier sind, wollen wir Ihnen auch diesen Erfolgsfaktor anhand eines Praxisbeispiels rund um dieses (auch im Arbeitsalltag unverzichtbare) Produkt näherbringen. Bekanntlich sind es ja manchmal gerade die simpelsten Dinge, die am besten zum Nachdenken anregen.

Rollenwechsel

Marion war eigentlich recht glücklich mit Ihrem neuen Job als Abteilungsleiterin des Facility Managements. Das Unternehmen war überschaubar und das Team, das sie übernommen hatte, war zuverlässig und unkompliziert – mit einer Ausnahme.

Elvis war das berühmte »schwächste Glied der Kette« im Team. Obwohl schon viele Jahre im Unternehmen, strahlte er vor allem eines aus: Unsicherheit. In der Praxis bedeutete das, dass Elvis mehrmals am Tag in der Tür stand, um sich Entscheidungen über Kleinigkeiten »von oben« abzuholen. Anfangs lächelte Marion über die Entscheidungsunfähigkeit des Mitarbeiters, doch schon nach kurzer Zeit wurde es zum Ärgernis.

Die Unselbstständigkeit von Elvis hatte im Laufe der Jahre dazu geführt, dass er jene Aufgabengebiete überantwortet bekommen hatte, die von anderen als »Selbstläufer« betrachtet wurden, also jene Tätigkeiten, bei denen man nicht wirklich etwas falsch machen kann. Darum kümmerte sich Elvis mittlerweile um den Einkauf von Toilettenpapier und Büromaterial. Doch selbst hier schaffte er es nicht, selbstständige Entscheidungen zu treffen, ohne sie zuvor von höherer Stelle freigeben zu lassen. Diese höhere Stelle war nun Marion.

Elvis war mit Sicherheit nicht dumm, aber woran konnte es liegen, dass er nicht einmal eine Anschaffung für wenige Euro selbst verantworten konnte? Marion hörte sich um und führte behutsam Gespräche mit anderen. Dann war ihr klar, wo das Problem lag: Elvis hatte zwar Aufgabenbereiche, aber nie Verantwortung erhalten. Mit anderen Worten: Er hatte für seine Einkäufe kein eigenes Budget, keine Rahmenbedingungen und keine Limits genannt bekommen. Da er nicht wusste, was er wann wie entscheiden durfte, hinterfragte er einfach alles standardmäßig.

Marion änderte das. In einem Gespräch mit Elvis erläuterte sie seine Absicht, ihm ein eigenverantwortliches Handeln zu ermöglichen, und fragte, was er dazu benötigen würde. Natürlich kam von Elvis all das als Antwort, was Marion schon selbst zuvor gemutmaßt hatte.

In Folge wurden alle Details gemeinsam festgelegt – bis hin zu den Qualitätsanforderungen an das Toilettenpapier und das Büromaterial. Neben einem Budget erhielt Elvis auch den dezidierten Auftrag, sich um die Lagerbestände zu kümmern, Angebote für Nachbestückungen einzuholen und selbstständig zu entscheiden, welches davon für das Unternehmen am besten war.

In Folge blühte Elvis auf. Er ersparte nicht nur Marion die täglichen Besuche, sondern auch dem Unternehmen eine Stange Geld. Er hatte unternehmerisches Denken entwickelt und genoss die Verantwortung und seinen Handlungsspielraum. Marion war auch auf anderen Gebieten erfolgreich, aber auf ihre Führungsarbeit mit Elvis war sie besonders stolz, weil der Unterschied für alle Beteiligten erlebbar war.

Was können angehende Leader aus dieser kleinen Geschichte für die große Führungsbühne mitnehmen? Achten Sie, wenn es in Teams oder Organisationen nicht gut läuft, darauf, ob Rahmenbedingungen, Verantwortlichkeiten und Zuständigkeiten unmissverständlich und klar definiert sind. Das gilt im Übrigen auch für Sie selbst: Stellen Sie immer wieder die Frage, wo die Grenzen Ihres Führungsbereichs liegen! Warum das wichtig ist, sehen Sie am besten am Beispiel jener, die sich diese Frage nicht (mehr) stellen: Menschen, die ständig Grenzen überschreiten, sich regelmäßig einmischen oder – das andere Extrem – gar keine Verantwortung mehr übernehmen, sind weit weg von allem, was man als Leader oder gute Führungskraft bezeichnen würde.

Wahre Führungspersönlichkeiten sorgen für einen klaren Rahmen und bleiben innerhalb dieser Grenzen – nicht einmal, sondern immer – und vermitteln die Wichtigkeit von klaren Bereichen und Verantwortlichkeiten auch dem Team und dem Unternehmen. Nur so können sie agil, frei, flexibel und glaubwürdig agieren und sich für die wichtige Dinge in der Organisation freispielen.

Stellen Sie sich folgende Fragen:

- Was sind meine derzeitigen Rollen?
  - Rolle benennen
  - Welche Personen betrifft das?
  - Was ist positiv daran?
  - Was stört mich?

Ändern Sie jene Dinge, die Sie nicht in Ordnung finden. Man endet speziell als Führungskraft ungewollt öfter in Rollen, die man eigentlich nicht ausfüllen will. Klären Sie Ihre Rollen! Wenn Sie es nicht tun, wird es auch niemand anderer machen. Denn höchstwahrscheinlich profitieren andere davon, dass Sie sich mit einer ungeliebten Rolle abgefunden haben.

- Wie komme ich zu Klarheit über meine Funktionen?
  - Funktion benennen
  - Aufgabe laut Funktionsbeschreibung
  - Tatsächliche Aufgaben im Alltag
  - Welche der beiden Seiten bringt den größten Mehrwert für mein Team und die Organisation?

Wir machen im Alltag viele unnötige Dinge, die eigentlich die Aufgaben anderer sind. Bleiben Sie bei Ihren Funktionen und dem Mehrwert Ihrer Funktionen! Der Spaß kommt in der alltäglichen Arbeit oft abhanden, weil man vor lauter Arbeit vergisst, die wirklich wichtigen Dinge zu tun.

Das eigene Tempo finden – schneller ist nicht immer erfolgreicher

Dass wir in einer Zeit leben, in der alles schneller, besser, exakter und erfolgreicher gehen muss, ist nichts Neues. Manchmal vergessen wir jedoch, wie schnell mittlerweile wirklich alles geworden und wie unterschwellig diese Schnelligkeit schleichend zum neuen Standard avanciert ist.

Achten Sie doch einmal bei der nächsten TV-Serie jüngeren Datums auf die dynamischen, im Berufsleben stehenden Darsteller. Der in der Hand gehaltene Coffee-to-go-Becher gehört zur Grundausstattung und transportiert dabei unter anderem die Botschaft, dass man ständig »on the move« sein muss, um erfolgreich zu sein – oder zumindest um als erfolgreich angesehen zu werden. Der Kaffee muss natürlich stark sein, da es »gestern im Büro wieder einmal länger geworden ist«.

Irgendwie kommt das in den Wohnzimmern der westlichen Welt als positives (und völlig normales) Lebensgefühl an und sorgt dafür, dass sich manche, die einen geregelten Arbeitsalltag mit besonnenen Entscheidungen und ruhigem Klima haben, manchmal wundern, was da auf den Bildschirmen abgeht. Leider sorgt das in so manchem Unternehmen aber auch dafür, dass man Gelassenheit sofort mit Ineffizienz und mangelnder Auslastung assoziiert. Alle haben bitte nach Möglichkeit ständig »auf Zug«, dynamisch und sichtlich belastbar zu sein.

Die Beschleunigung der Welt ist natürlich auch in der Führung von Menschen angekommen – nicht immer zum Vorteil der Beteiligten.

Die Tatsache, dass ein Brief jetzt nicht mehr Tage, sondern Sekunden benötigt, um dem Empfänger vorzuliegen, wurde auch dahingehend interpretiert, dass Menschen schneller denken, analysieren, entscheiden und handeln. So erwartet man auch von Führungskräften Ergebnisse innerhalb kürzester Zeit. Und nach dieser Zeit erwartet man Verbesserungen dieser Ergebnisse. Und danach … Sie haben es verstanden.

Sehr oft wird in Quartalen bzw. aus der Perspektive von Shareholdern gedacht. Altbewährte Eigenschaften, wie Konstanz, Geduld oder Weitblick, haben dadurch ein kleines Imageproblem bekommen. Dennoch ändert das nichts an der Tatsache, dass die Führung von Menschen nicht plötzlich nach ganz anderen Prinzipien funktionieren kann. Wahre Leader waren und sind keine Sprinter, sondern Langstreckenläufer. Genauer gesagt, sind sie eigentlich »Langstreckenstaffelläufer«, denn sie müssen ein Tempo vorlegen, bei dem alle im Team mitkommen. Vielleicht sind in besonderen Situationen Zwischensprints notwendig (und auch machbar), doch darauf kann man keine Führungshaltung aufbauen, mit der man als Persönlichkeit langfristig glaubwürdig und erfolgreich sein kann. Um ein Team beständig motivieren und zu Bestleistungen bringen zu können, braucht es Ausdauer und eine kontinuierliche Auseinandersetzung mit den Menschen und ihren Aufgaben, Rollen, Talenten und Möglichkeiten.

Es braucht also etwas, von dem Sie wahrscheinlich annehmen, dass Sie es nicht haben: Zeit.

Wenn es Ihnen wie dem Großteil Ihrer Managerkolleginnen und -kollegen in Unternehmen weltweit geht, dann sind Sie zu 70 bis 80 Prozent im Tagesgeschäft verhaftet – also operativ eingesetzt – und haben allerhöchstens ein Drittel Ihrer Zeit übrig, um tatsächlich zu führen. Wenn man kein absolutes Wunderkind oder Naturtalent ist, wird man mit dieser Arbeitsteilung nicht unbedingt zum wahren Leader reifen, sondern eher zum Profi-Jongleur. Jongleure werden übrigens auch für ihre Fertigkeiten bewundert – allerdings selten von den Bällen selbst. Die würden sich, wenn es Menschen wären, im besten Fall »gemanagt«, im schlechtesten Fall »ständig zur Seite geschoben« fühlen. Und das trifft den Kern der Sache ganz gut, wenn es um Leadership geht.

Gute Menschenführung ist eine Kunst, kein Kunststück. Man kann sich in relativ kurzer Zeit durch Übung und Wiederholung ein Kunststück beibringen – das Erlernen, Beherrschen und Meistern von kreativer, wandelbarer Kunst ist jedoch etwas, das viel Zeit erfordert.

Leader benötigen Zeit für

- die eigene Führungsrolle (Selbstreflexion),
- die strategische Ausrichtung (Analyse und Vorausschau),
- das operative Tagesgeschäft,
- Gespräche mit Mitarbeiterinnen und Mitarbeitern,
- bewusste Wahrnehmung,
- Innovation,
- Krisen,
- vieles mehr.

Genau hier scheitern viele Führungskräfte, die glauben, dass sie der Zeit ein Schnippchen schlagen und den so wichtigen Weg abkürzen oder mit raffiniertem Multitasking vollstopfen können. Sie gehen in Zeitmanagementseminare und versuchen, in einem Zwölf-Stunden-Tag irgendwie die Arbeit von 18 Stunden unterzubringen. Gleichzeitig überfordern sie auch ihre Teams mit einer dynamisch-fröhlich-verbissenen »Alles ist möglich«-Haltung und powern (bzw. beuten) damit nicht nur sich selbst aus, sondern auch die Menschen, die sie eigentlich genau davor bewahren sollten.

Unterm Strich kommt dabei ein netter »Trick« heraus, der in erster Linie vorgaukelt, dass eine Abteilung oder ein Team schier Unmenschliches zu leisten im Stande ist. Doch selbst wenn dieser Trick gelingt, wird es spätestens dann problematisch, wenn man dieses Kunststück Monat für Monat zur Schau stellen möchte.

Das gibt uns Gelegenheit, mit einem weiteren alten Klischee aufzuräumen: Ein guter Leader hat nicht immer alles souverän im Griff, sondern erkennt jene Prioritäten, die für das Unternehmen, für das Team und auch für sich selbst wichtig sind. Mit anderen Worten: Sie bzw. er erkennt und zieht Grenzen und sagt klar Nein, wenn diese dauerhaft überschritten werden sollen. Denn aus Erfahrung wissen Leader, dass niemandem gedient ist, wenn Menschen auf Dauer mehr aufgebürdet wird, als sie in ihrem Tempo innerhalb einer gewissen Zeit stemmen können.

Eine wichtige Praxiserkenntnis ist auch, dass Leader nie mit dem Führen »fertig werden«, weil es aufgrund der Fülle an Betätigungsfeldern immer etwas zu tun gibt und sie eben nicht eine Mitarbeiterin oder ein Mitarbeiter sind, sondern mehr: Für Leader ist es normal, dass sie auf dem Heimweg Gedanken im Kopf haben, die das Unternehmen oder das Team betreffen. Wenn man sich untertags genügend Zeit für die wichtigen Aufgaben nimmt, ist das jedoch kein quälendes »Mitnachhause-Nehmen« von Problemen, sondern ein effizientes (und sehr oft auch erfüllendes) Reflektieren des großen Ganzen zu einem bewusst gewählten Zeitpunkt. Es ist eine Kunst, die genossen werden darf, weil sie der eigenen Entwicklung dient.

Selbstverständlich braucht es für Leader auch ein Abschalten und bewusstes Wegdenken, um frisch und motiviert zu bleiben. Wie überall sonst kommt es auch hier auf die Balance an. Der Manager, der Tag und Nacht nur an die Arbeit denkt, hat mit Sicherheit ein grobes Zeitmanagement- und Prioritätenproblem und tut wahrscheinlich gut daran, sich in Seminaren etwas Struktur zu holen. Der Schlüssel zum Erfolg beim Führen von Menschen ist jedoch nicht die klischeehafte Unermüdlichkeit und Dauerverfügbarkeit, sondern gut organisierte Gelassenheit. Ersteres ist ein Trick, das Zweite ist Kunst, die keinen Hokuspokus erfordert, sondern unter anderem kluges Delegieren und gute Kommunikation.

Wie nähert man sich dieser Gelassenheit an? Zum Beispiel, indem Sie sich immer wieder vor Augen führen, was Ihre Aufgabe als Führungskraft ist – speziell in Momenten, in denen Sie Druck »von oben« verspüren.

Ihre primären Aufgaben als Führungskraft sind,

- die Arbeitsfähigkeit Ihres Teams herzustellen bzw. aufrechtzuerhalten,
- definierte Ziele und Ergebnisse für das Unternehmen zu erreichen,
- die Möglichkeiten des Teams bestmöglich nutzen, aber auch dessen Grenzen aufzeigen und schützen,
- regelmäßige Überprüfung der Ressourcen und der Entwicklungspotenziale,
- stete Entwicklung der Mitarbeiterinnen und Mitarbeiter,
- Kommunikation mit allen Beteiligten,
- Aufrechterhaltung der eigenen Arbeits- und Leistungsfähigkeit.

Besonders der letzte Punkt wird gerne vergessen, wenn man Führungskräfte fragt, was sie als ihre wichtigsten Aufgaben sehen. Dabei ist er eigentlich naheliegend: Jeder Mensch kann nur dann gut performen, schlafen, denken, leben, wenn er bzw. sie erkennt, dass es Grenzen gibt, die gewahrt werden, und man sich auf diese Wahrung auch verlassen kann. Das gilt für Ihr Team, aber natürlich auch für Sie selbst!

Sich für den Schutz von Mitarbeiterinnen und Mitarbeitern einzusetzen, bedeutet, dass man sich auch bei Druck von oben traut, Nein zu sagen, dass man dem Team den Rücken freihält und bei Fehlern Kritik nicht eins zu eins weiterleitet, sondern Rückgrat zeigt und Verantwortung übernimmt. Das sei hier noch einmal explizit erwähnt, weil genau dies eines der wesentlichsten Merkmale ist, das Leader von Führungskräften unterscheidet.

Menschen gehen für jene, die für sie eintreten, durchs Feuer und verachten jene, die sie im Stich lassen. Dieser Wesenszug hat sich seit den alten Römern nicht geändert.

Nun verstehen Sie vielleicht auch, warum wir in diesem Buch so oft darauf hinweisen, dass gute Führung nicht nur unangenehm sein kann, sondern vielleicht sogar unangenehm sein muss.

Der natürliche Platz von Leadern ist zwischen den Fronten – früher wortwörtlich, heute in übertragenem Sinne. Leader müssen gleichzeitig unternehmerisch und menschlich denken und diese Gratwanderung auch bei Gegenwind von oben und/oder unten meistern, ohne Glaubwürdigkeit gegenüber beiden Seiten einzubüßen.

Wer erreichen möchte, dass andere für ihn durchs Feuer gehen, der muss im übertragenen Sinn heller strahlen als die »Gegenseite«. Dies erreicht man nur, wenn dieses Strahlen von innen kommt und konstante Leuchtkraft besitzt. Wenn Sie jetzt ein strahlendes Heldenbild vor Augen haben, das Ihnen unrealistisch, überzogen oder unpassend vorkommt, denken Sie nur an das Charisma, das weltbekannte Persönlichkeiten und anerkannte, bewunderte Leader umgibt. Obwohl es sich hier, rein körperlich betrachtet, oft um unscheinbare Menschen handelt, sorgen sie mit ihrer Ausstrahlung, ihrem Charisma und vor allem mit ihrer Glaubwürdigkeit dafür, dass zu ihnen aufgesehen wird.

Kein Wunder, dass oft gesagt wird, dass die wichtigste Eigenschaft von Führungspersönlichkeiten nicht ihre tatsächlichen Leistungen sind, sondern Haltung und ausgestrahlte Sicherheit, die anderen glaubwürdig vermitteln, dass sie zu jeder nur erdenklichen Leistung fähig wären. Diese Glaubwürdigkeit, diese Ausstrahlung und diese vermittelte Sicherheit ist eine Kunst, die mit Geduld und Erfahrung – also mit Zeit – erworben wurde.

Die gute Nachricht: Auch wenn es Zeit braucht, um wirklich außergewöhnlich zu werden, kann man vieles tun, um von Tag zu Tag an seiner eigenen Qualität als Führungspersönlichkeit zu arbeiten. Denn: Das Leben eines Leaders besteht – wenn man es so sehen will – fast durchgehend aus kleinen Abenteuern, an denen man wachsen kann.

Hier eine kleine Auswahl:

- Was tun, wenn der Geschäftsführer immer alles sofort auf Zuruf braucht und dadurch die Ressourcen, die Planung und Prozesse des Teams über den Haufen wirft?
- Was tun, wenn Kolleginnen bzw. Kollegen und/oder andere Abteilungen ihre täglichen Aufgaben nicht wahrnehmen und dadurch andere im Team deren Arbeit übernehmen müssen?
- Was tun, wenn sich das eigene Team im Unternehmen einen Ruf als »zuverlässig« und »verantwortungsbewusst« erarbeitet hat – und als Folge davon plötzlich mit Aufgaben überflutet wird, die zuvor andere Abteilungen mit nicht so gutem Ruf erledigt haben?
- Was tun, wenn die Geschäftsführerin externen Partnerunternehmen Leistungen aus der eigenen Abteilung in Aussicht stellt, ohne sich zuvor erkundigt zu haben, ob das überhaupt realistisch ist?
- Was tun, wenn innerhalb des Teams unterschiedliche Arbeitstempi zu Spannungen, Konflikten und Gruppenbildungen führen?

All diese »Führungs-Abenteuer« erfordern auf gewisse Art und Weise dasselbe von einem Leader: Ein entschlossenes, besonnenes Handeln, um möglichst rasch von einer passiven Situation in eine aktive zu kommen. Oder mit anderen Worten: Die Gewinnung oder Wiedergewinnung von Kontrolle und das Finden einer Lösung, mit der alle Beteiligten gut leben können.

Hier sind keine schnelllebigen Finten, Tricks und kein fauler Zauber gefragt, sondern beständige, fundierte Situationsanalyse und Führungskunst – und das alles natürlich neben dem laufenden »Daily Business«.

Stellen Sie sich folgende Fragen:

- Welches Ergebnis will ich erreichen?
- Was muss passieren, damit ich dieses Ergebnis so schnell wie möglich erreiche?
- Wie bekomme ich das möglichst ressourcenschonend so hin, dass alle Beteiligten begeistert sind?
- Wer leistet welchen Beitrag dazu?
- Wie wird daraus ein Standard?

Wenn Ihnen das in der Theorie noch nicht abenteuerlich genug erscheint: Sie können sich darauf verlassen, dass die Praxis immer ein paar Überraschungen bereithält.

Glattes Parkett

Niemand wusste, warum genau bei »Traktner & Söhne« die »Führungskraft des Jahres« gewählt wurde, aber es war eine prestigeträchtige Auszeichnung, die sich gut im Lebenslauf machte. Seit Jahren machten den Wettbewerb ein paar übliche Verdächtige unter sich aus, doch dieses Jahr würde es spannend werden, weil kürzlich ein Externer die Führung einer Abteilung übernommen hatte.

Herr Schwinger war ein junger, dynamischer Mitzwanziger, dessen alternativer Führungsstil von den alteingesessenen Managern recht schnell belächelt wurde. Dort, wo andere auf Disziplin und Zahlen setzten, vertraute Schwinger auf Teamgeist und Selbstverantwortung und hatte schon einige Achtungserfolge auf ungewöhnlichem Weg erzielt.

Viele schrieben diesen Erfolg den Tatsachen zu, dass die Abteilungen vorwiegend mit weiblichen Mitarbeitern besetzt waren und Herr Schwinger aufgrund seiner Dynamik und Jugendlichkeit einen gewissen Charme ausstrahlte. Doch da die »Führungskraft des Jahres« traditionell von der kompletten Belegschaft gewählt wurde und es ja zum Glück noch immer um »gute alte Leistung« ging, machten sich die alteingesessenen Manager wenig Sorgen darum, schlecht abzuschneiden. Sicherheitshalber wurden sie jedoch beim Geschäftsführer, Julius Traktner, einem auch schon in die Jahre gekommenen Herrn, vorstellig, um sich zu erkundigen, ob es dieses Jahr bei der Wahl Überraschungen geben würde.

»Wenn Sie so direkt fragen, meine Herren … Es wird in der Tat eine Veränderung geben. Das Team von Herrn Schwinger …«

»Ich wusste es!« und »Unglaublich!«, reagierten die Manager.

Julius Traktner: »So lassen Sie mich doch ausreden. Es wurde vorgeschlagen, neben den Abteilungsergebnissen auch einen Tanzwettbewerb in die Wertung einzubeziehen. Das Ganze soll …«

Die Manager: »Lächerlich!«, »Was sind das bitte für neumodische Sitten!«, »Also dagegen legen wir schärfsten Protest ein. Wir sind doch keine Hupfdohlen!«.

Julius Traktner: »Meine Herren, so lassen Sie mich doch bitte ausreden. Die Idee war, dass das ja auch ein wenig Unterhaltung für die Mitarb …«

Die Manager: »Also ich verbitte es mir, dass die Führungsriege des Unternehmens hier zur Lachnummer gemacht werden soll«, »Jawohl und außerdem ist das für den jungen Herrn Schwinger ja wohl ein völlig unlauterer Vorteil«.

Julius Traktner: »Genau, meine Herren, das hat der Herr Schwinger auch gemeint und daher vorgeschlagen, dass die Führungskräfte selbst bei diesem Wettbewerb nicht mitmachen und nur die Teams tanzen.«

Die anwesenden Führungskräfte sahen einander verwundert an und fragten: »Ja was soll denn dann das alles?«

Julius Traktner: »Das soll ein bisschen frischen Wind ins Unternehmen bringen und die Führungsqualitäten anschaulich machen, meine Herren, und …«

Darauf die Manager: »Ein unglaubliches Affentheater!«, »Na, das wird aber ein Schuss ins Knie für den jungen Herrn.« Und: »Wir akzeptieren!«

An diesem Abend saßen die Altmanager noch lange zusammen und beratschlagten, wie sie den aufmüpfigen Jungabteilungsleiter in die Schranken tanzen konnten. Mit akribischer Präzision wurde ein mehrwöchiger Projektplan für Trainingsstunden erstellt und sogar aus dem Budget der Abteilungen etwas Geld für professionelle Tanzstunden abgezweigt.

In einer offiziellen Mitteilung wurden die Mitarbeiterinnen und Mitarbeiter über die Verpflichtung zur Teilnahme informiert. Und als Krönung des Masterplans wurde von den Führungskräften untereinander ein Stimmverhalten ausgeklügelt, dass allen Abteilungen (außer jener von Herrn Schwinger) die gleiche Anzahl von Stimmen bringen würde. Auch dies wurde verpflichtend an die eigenen Mitarbeiterinnen und Mitarbeiter kommuniziert – mit dem Argument, dass so wieder ausschließlich das Abteilungsergebnis ausschlaggebend für die Wertung zur »Führungskraft des Jahres« wäre – also der Gerechtigkeit wieder Genüge getan werde.

Am Abend der Preisverleihung lag eine eigenartige Stimmung über dem eigens angemieteten Festsaal. Die Abteilungen der Altmanager legten professionell einstudierte Tänze aufs Parkett – allerdings mit deutlich sichtbarer Genervtheit. Das befohlene Training hatte ihnen ebenso wenig zugesagt wie die Verbissenheit, mit der sie von ihren Vorgesetzten dazu angetrieben worden waren. In den letzten Wochen hatte dieses Thema so gut wie alles überlagert und die Mitarbeiterinnen und Mitarbeiter waren sichtlich froh, dass damit nun bald wieder ein Ende sein würde.

Die Abteilung von Herr Schwinger hingegen kam fröhlich lachend aufs Parkett. Sie hatten im Team beschlossen, das ganze easy anzugehen, sich lediglich zweimal getroffen und das Projekt mit einer kleinen Abteilungsfeier verbunden. Ihre Pflicht war so zu einer Kür geworden, die locker, vergnüglich und unbedarft vor der erstaunten Belegschaft und den Altmanagern dargebracht wurde.

Herr Schwinger widmete eine Stunde später bei seiner Siegesrede den Titel der »Führungskraft des Jahres« seinem ausgezeichneten Team. Doch da hatten die Manager der anderen Abteilungen schon längst die Veranstaltung verlassen.

Sie sehen: Das »richtige Tempo« hat nicht immer eine lineare, konstante Geschwindigkeit, die es zu finden und einzuhalten gilt, sondern erfordert manchmal ein Innehalten, Zuhören, Formulieren und Überlegen, bevor sich überhaupt irgendetwas bewegen kann. Die Bewegung beginnt also im Kopf und bestimmt das Tempo, das man später tatsächlich gehen kann.

Geschwindigkeit, Tempo, Dynamik sind immens wichtig für Organisationen. Man darf dabei jedoch nicht in Zusammenhängen wie bei einem 100-Meter-Lauf denken.

Mit dem Motto »Wer bremst, verliert« kommt man in Unternehmen recht schnell ins Schleudern, weil das so wichtige Innehalten in den Köpfen der handelnden Personen als hinderlich gebrandmarkt wird.

»Sprintende« Führungskräfte liegen bei einem Langstreckenlauf nur auf den ersten Metern vorne. Leader denken ganzheitlich, langfristig, sehen das große Ganze, gehen in Austausch und stoppen das Feld auch schon mal komplett, wenn sie das Gefühl haben, in die falsche Richtung unterwegs zu sein.

Wer stoppt, obwohl alle zum Rennen angehalten sind, ist nicht immer unbedingt beliebt – auch nicht bei der Rennleitung (alias der Unternehmensführung). Vielleicht verstehen Sie jetzt besser, warum es uns so wichtig ist, auch die unangenehmen Seiten guten Führens zu zeigen. Wer es ablehnt, blind zu folgen, sondern bei berechtigen Bedenken auch einmal »nach oben« Widerstand zeigt, gewinnt in der Regel (und im jeweiligen Moment) keine Beliebtheitspreise. Und dennoch sind solche Persönlichkeiten für jede Gesamtorganisation immens wichtig.

Genau dieser Mut und diese Bereitschaft, das Richtige anstatt das Angenehme zu tun und mit dem richtigen Tempo unterwegs zu sein anstatt mit dem schnellstmöglichen, unterscheidet Leader von Managern.

Der Leader-Tempomat

Aktionen, die Ihnen bei Druck oder Grenzüberschreitungen von außen dabei helfen, das richtige Tempo zu wählen:

- Analysieren Sie die problematische Situation!
- Welche Personen sind darin involviert?
- Erfragen Sie von diesen Personen deren konkrete Anliegen!
- Denken Sie gemeinsam mit dem Team darüber nach, wie diese Anliegen mit wenig Aufwand und im Tempo des Teams (keine Hauruck-Aktionen) erfüllt werden können!

- Gehen Sie in Austausch mit den betreffenden Personen und bieten Sie Lösungen an!
- Vereinbaren Sie eine gemeinsame Vorgehensweise!
- Bleiben Sie offen für Anpassungen – keine Überlegung ist perfekt!
- Bleiben Sie sich treu! Vergessen Sie nie – egal wer Ihnen zuruft und was sie alles zu erledigen haben –, wo Sie mit Ihrem Team hinwollen!
- Für das richtige Tempo sind auch das Setzen von Prioritäten und eine klare Kommunikation wichtig.

Stellen Sie sich folgende Fragen:

- Was genau sind meine Ziele?
- Bis wann genau müssen diese erreicht werden?
- Welche Aufgaben gehen damit einher?
- Wer im Team ist die geeignetste Person dafür?
- Was ist der beste Weg, diese Ziele zu erreichen?
- Wie wird gewährleistet, dass das Team in Ruhe an den täglichen Aufgaben weiterarbeiten kann?
- Welche von meinen Aufgaben kann in dieser Zeit von anderem im Team oder von Kolleginnen bzw. Kollegen aus anderen Bereichen übernommen werden?
- Worauf liegen meine Prioritäten in der täglichen Arbeit?
- Wie bringe ich Routine in meinen Alltag? (zum Beispiel beim E-Mail-Check, bei der Teambesprechung, bei Meetings oder »Operatives« zu fixen Zeiten)?
- Welche Routine ist sinnvoll für mich, damit ich in Ruhe arbeiten kann? Was hilft mir dabei, diese Routine einzuhalten?
- Wie schaffe ich für mein Team eine Routine, die das richtige Tempo unterstützt? Welche Abläufe dienen mir und meinem Team zur richtigen Vorbereitung?

Zeit ist immer relativ. Wir schaffen nur das, was wir wirklich wollen. Um dieses Wollen zu verbessern, sollte man sich aktiv damit auseinandersetzen.

Durch eine gewisse Routine schafft man eine Möglichkeit, jene ungeliebten Aufgaben garantiert zu erledigen, die ansonsten auf der Agenda immer nach hinten rutschen bzw. aus anderen Gründen verschoben werden. Genau diese Verschiebungen sorgen schnell für eine gewisse Unruhe, da man als Führungskraft das Gefühl bekommt, niemals fertig zu werden.

Keep it short! Noch ein Tipp zur Planung von Routineabläufen

Es hat sich bewährt, bestimmte Aufgaben nicht länger als 20 Minuten lang zu bearbeiten. Dies ist ein optimaler Zeitraum, um sich konzentriert und bewusst mit etwas zu beschäftigen. Erfahrungen haben gezeigt, dass kaum jemand länger als eine halbe Stunde wirklich auf einen Aspekt konzentriert bleiben kann, wenn andere Dinge auf Erledigung warten.

Wenn fünf unerledigte Aufgaben anstehen, für die Sie jeweils eine Stunde anberaumen, endet das meistens damit, dass diese Punkte aufgeschoben werden. Denn diese fünf Stunden – so denkt man – kann man sicherlich nicht nebenher freischaufeln. Setzen Sie geistig jedoch 5 mal 20 Minuten für die Erledigung an, dann bringen Sie diese Zeit eher im Laufe des Tages unter und können die Themen vielleicht innerhalb kurzer Zeit abschließen.

Genau das ist Routine im richtigen Tempo: Regelmäßiges Arbeiten in kleinen Schritten, das in absehbarer Zeit zu einem Abschluss führt, anstatt immer wieder hinausgeschoben zu werden.

Unterm Strich steht das Ergebnis – Teams auch ohne großen Druck fest zusammenschweißen

Menschen zu führen, zu schützen und zu unterstützen, ist nicht immer wundervoll. Denn wie Sie es drehen und wenden: Letztendlich sind Sie nicht das Team – egal, wie gut Sie sich auch mit den Personen, mit denen Sie arbeiten, verstehen. Es gibt das Team und es gibt den Chef bzw. die Chefin. So gut wie niemand sieht über diesen trennenden Unterschied hinweg – auch wenn Sie sich hin und wieder bei dem Gedanken ertappen, dass es viel leichter wäre, einfach nur ein Teil der Mannschaft zu sein, anstatt den Kurs vorzugeben, den Kopf hinzuhalten oder Feuerwehr zu spielen, wenn irgendetwas im Team bzw. bei der Arbeitsleistung des Teams nicht passt.

Es ist völlig normal, dass Sie sich ab und zu in eine weniger herausragende Position wünschen, in der Sie an schlechten Tagen auch einmal in der Masse untertauchen können und das Lösen von Problemen einfach anderen überlassen können.

Die Wahrheit ist: Führung – egal von wie vielen Menschen – geht unweigerlich Hand in Hand mit einer gewissen Einsamkeit. Vieles liegt bei Ihnen – und nur bei Ihnen. Und dennoch steht hinter allem ein Wir, das Sie nicht nur fördern können, sondern welches Ihre Führungsarbeit trotz hin und wieder auftretender Einsamkeit enorm bereichern kann.

Noch ein Tipp für junge Führungskräfte, die darunter leiden, dass sie mit Entscheidungen allein sind: Es macht Sinn, wenn Sie sich mit anderen Kolleginnen und Kollegen aus der Führungsebene austauschen und so mit diesen eine Art Team bilden. Je weiter Sie in einem Unternehmen nach oben klettern, desto sinnvoller ist es, derartige Netzwerke zu pflegen und so ein Teamgefühl der anderen Art zu erleben.

Doch zurück zu Ihrer Funktion als Leader Ihres eigenen Teams: Nicht mehr so dazuzugehören wie als Mitarbeiterin bzw. Mitarbeiter heißt nicht, dass man plötzlich keine Lockerheit oder keinen Spaß mehr an den Tag legen kann. Alles findet nur unter anderen Voraussetzungen statt. Klarerweise lauern so manche Tücken in diesem neuen Verhältnis, die man sich am besten vor Augen führt, wenn man die Dinge aus der Perspektive der anderen – in dem Fall der Personen im Team – betrachtet.

Sehen wir uns doch gemeinsam an, was ein Team garantiert nicht von einer Führungskraft braucht:

- **Laute Cholerikerinnen bzw. Choleriker,** die durch die Gegend brüllen und andere behandeln wie den letzten Dreck. Solchen Führungskräften gegenüber fühlt man sich unterlegen.
- **Schweigende Ignorantinnen bzw. Ignoranten,** die kein Feedback geben oder Informationen für sich behalten, um aufgrund dieses Wissensvorsprungs noch ein wenig wichtiger zu sein. Solchen Führungskräften gegenüber fühlt man sich unbedeutend.
- **Sture Alleinentscheider bzw. -entscheiderinnen,** die andere nicht in Entscheidungen einbinden oder Entscheidungen mit »Weil ich es sage« begründen. Solchen Führungskräften gegenüber fühlt man sich hilflos.
- **Verschlossene Rechthaberinnen bzw. Rechthaber,** die Einwände, Ideen und Meinungen des Teams nicht gelten lassen und alles, was sie nicht verstehen, als Schwachsinn abtun. Solchen Führungskräften gegenüber fühlt man sich unverstanden.
- **Herablassende Kontrollfreaks,** die eigentlich nicht mit, sondern gegen das Team arbeiten. Von solchen Führungskräften fühlt man sich bedroht.

- **Perfekte Auf-alle-Fälle-Rechthaberinnen bzw. -Rechthaber,** die sich und anderen gegenüber nicht eingestehen können, dass sie vielleicht auch einmal falschliegen, und begangene Fehler vielleicht sogar anderen in die Schuhe schieben. Von solchen Führungskräften fühlt man sich verarscht.
- **Sture Innovationsverweigererinnen bzw. -verweigerer,** die immer auf Routine, Altbewährtes und bereits Erprobtes setzen und Vielfalt, Innovation und Neues grundsätzlich ablehnen. Solchen Führungskräften gegenüber fühlt man sich einerseits ausgeliefert, andererseits aber auch schnell überlegen, weil man ständig denkt, dass man es selbst anders bzw. besser machen würde.

Wir haben diese Stereotypen bewusst überzeichnet. In freier Wildbahn sind meistens Kreuzungen aus all diesen Persönlichkeitsmustern unterwegs. Denn sie alle vereint ein wesentlicher Punkt, der auch essenziell für das Verständnis jeder Führungskraft mit dem Anspruch, Leader zu sein, ist: All diese Albtraum-Chefinnen und -Chefs (über die ja auch schon Dutzende Bücher geschrieben wurden) zeigen keine Wertschätzung für jene Menschen, die sie führen, und stellen sich in puncto Beurteilungskraft, Wissen, Erfahrung und Intelligenz offen oder unbewusst über das Team.

Das Fatale daran: Damit produzieren diese Führungskräfte eine ununterbrochene Einsamkeit, die noch dazu dafür sorgt, dass sich alle Beteiligten verloren fühlen und dass die Performance aller Beteiligten weit unter den Möglichkeiten bleibt.

Es ist im Unterschied zu der eingangs erwähnten zeitweise persönlichen Schwere einer Verantwortung, die man in bestimmten Momenten alleine zu tragen hat, eine andere unschöne persönliche Erfahrung, unter der alle leiden: ein ständiges Aufdrücken des eigenen Stempels und Drüberfahren über andere Menschen, Ideen, Lösungen und Entwicklungen – also eine stur verordnete Fixierung auf ein Ego, unter der andere leiden und höchstwahrscheinlich ausbrennen.

In anderen Büchern wird diese Problematik meist mit schönen Worten umschrieben oder geschickt formuliert umschifft, aber da wir uns vorgenommen haben, Klarheit und auch Haltung zu zeigen, ist es notwendig, auch hier Klartext zu sprechen. Dabei hilft manchmal der unverhohlene Blick in den Spiegel der nicht so erfreulichen Wirklichkeit in Bezug auf Führungskräfte, die letztlich nicht nur fahrlässig, sondern in gewisser Weise auch selbstzerstörerisch agieren.

Erlauben Sie uns also an dieser Stelle ein wenig filterlose Wahrheit, was Führungskräfte mit übergroßem Ego und fehlender Selbstreflexion sich selbst, einem Team und einem Unternehmen antun können: Wer alle anderen außer sich selbst für ahnungslos hält und einem Team durch Kontrollwahn, Kleinkariertheit, Technokratie, Egozentrik, Selbstüberschätzung und Selbstverliebtheit jegliches Wir-Gefühl entzieht, sägt über kurz oder lang an seinem eigenen Stuhl. Die Symptome: Performanceverlust, hohe Fluktuation, schlechter Ruf im Unternehmen, ausbleibende Unterstützung und ein schlechtes Ergebnis, für das man irgendwann auf dem selbst errichteten Podest allein geradestehen muss.

Wenn Sie sich jetzt denken, dass es so etwas im 21. Jahrhundert nicht mehr gibt, müssen wir Sie enttäuschen. Auch in modernen Zeiten steigt Macht zu Kopfe und produziert selbst ernannte Führungsgötter, die meistens erst dann aufwachen, wenn sie sich im freien Fall befinden.

Fairerweise muss man sagen, dass diese Dramen sich eher im unteren und mittleren Management abspielen. Weit kommt man mit dieser Auffassung von Führung jedenfalls nicht. Und da wir ja schon die ganze Zeit von Leadern sprechen: Diese Führungskräfte stellen das genaue Gegenteil dar: Führungskräfte, die so lange alles in sich selbst investieren, bis sie unter dem Gewicht ihres eigenen Egos zusammenbrechen.

Doch auch hier verbirgt sich eine wertvolle Erkenntnis. Wahre Leader – und darum haben wir uns hier so auf Negativbeispiele konzentriert – begehen all diese Fehler nicht und kommen genau deswegen nach oben – gemeinsam mit einem Team, das notfalls für sie durchs Feuer geht. Dass man Mut nicht kaufen kann, ist ja hinlänglich bekannt. Das Gleiche gilt auch für Leadership-Qualitäten.

Um den Bogen zurück zum Wir zu spannen: Jede Führungskraft zieht genau das Team an, das es verdient. So wie eine Feldwebel-Führungskraft mit Sicherheit keine jungen High Potentials langfristig binden können wird, werden sich im Team eines wahren Leaders keine Menschen wohlfühlen, die eine ruhige Kugel schieben wollen und Dienst nach Vorschrift anstreben.

Es gibt auf lange Sicht nur ein »Ich und die anderen« oder ein »Wir« – und auch das erfordert – Sie werden es schon erraten haben – konstante und kontinuierliche Arbeit.

Neben dem Aufbau und dem Leben von Vertrauen wissen Leader auch um die Wichtigkeit von Entwicklung und Förderung ihres Teams. Obwohl es sich hier meistens um individuelle Maßnahmen handelt, ist eine Führungskraft, die überzeugt und nachhaltig in ihr Team investiert, ein wichtiger Bestandteil jedes »Wir«. Denn sie setzt ein für alle sichtbares Signal des Vertrauens, das in den meisten Fällen in Form von Loyalität und Einsatzwillen zurückgegeben wird.

Gehen wir noch einmal kurz in ein Negativbeispiel: Was könnte es für Gründe geben, dass Vorgesetzte nicht in die Entwicklung ihres Teams investieren? Ganz oben auf der Liste: die Angst, dass Mitarbeiterinnen und Mitarbeiter zunächst vorbildlich geschult und dann (von der Konkurrenz) abgeworben werden. Das große Problem mit der Angst ist (nicht nur in Sachen Führung), dass man mit angezogener Handbremse nirgendwo ankommt. Anders ausgedrückt: Mit Vorabmisstrauen kommt man niemals in einen Wir-Zustand – weder mit den betreffenden Mitarbeiterinnen und Mitarbeitern noch mit dem Team, das ein zögerliches Vorgehen sofort wittert und sich als Reaktion darauf selbst zurückzieht.

Dazu gibt es übrigens ein schönes chinesisches Sprichwort: »Wenn du einem Menschen nicht vertraust, stelle ihn nicht ein. Wenn du ihn aber einstellst, misstraue ihm nicht.«

Perspektivenwechsel zurück ins Positive: Die Entwicklung von Mitarbeiterinnen und Mitarbeitern ohne Wenn und Aber und ohne Handbremse zu fördern, bringt Mehrwert auf allen Ebenen – selbst wenn sich der eine oder andere tatsächlich verabschieden sollte. Doch bis dahin haben Sie dem Rest des Teams glaubwürdig vermittelt, dass Sie für Wachstum und Weiterentwicklung stehen und man sich dahingehend auf Ihre Unterstützung verlassen kann.

Ein zusätzlicher Mehrwert, der oft übersehen wird: Mitarbeiterinnen und Mitarbeiter lernen auch voneinander. Wenn man es geschickt anstellt, kann also das ganze Team von der Weiterbildung einer Kollegin bzw. eines Kollegen profitieren.

Führungsmärchen

Hartmut saß in seinem nagelneuen Büro auf seinem nagelneuen Komfortstuhl und dachte über seine nagelneue Position nach. Direkt von der Universität in eine Führungsposition - so hatte er sich das in den langen Nächten des Lernens immer vorgestellt: Einmal »jemand zu sein«. Jetzt war er »jemand« und wusste nicht so recht, wer. Die Menschen, die er zu führen hatte, waren ihm ebenso fremd wie die Menschen, bei denen er nun regelmäßig abzuliefern hatte. Zahlen, Ergebnisse, wirtschaftliche Zusammenhänge - damit kannte er sich aus. Da machte ihm niemand etwas vor. Aber auf der persönlichen Ebene fühlte er sich irgendwie verloren. Das hatte man ihm auf der Universität nicht beigebracht.

Vieles wäre leichter, wenn er nicht so ein unbeschriebenes Blatt wäre, wenn er schon eine Geschichte, eine Persönlichkeit, ein Image hätte. Dann könnte er in Ruhe wirtschaften und auch in Ruhe führen. Dann, wenn er nicht mehr »der Neue« wäre. Diese Gedanken hörte eine gute Fee, die ebenfalls gerade in der Hierarchie der magischen Wesen aufgerückt war. Nach 600 Jahren Wunscherfüllung für Kinder war sie nun in die Erwachsenenabteilung aufgestiegen und fühlte sich plötzlich unsicher. Denn nun würden es gewiss keine kleinen, leicht erfüllbaren Kinderwünsche mehr sein, die sie zu erfüllen hatte. Jetzt würde es um große, entscheidende, weltbewegende Dinge gehen. Und darin hatte sie keine Erfahrung. Jetzt war sie schon wochenlang um die großen Wolkenkratzer herumgeflattert, ohne den Mut zu haben, tatsächlich einem Erwachsenen zu erscheinen.

Als sie Hartmuts Zweifel und Verzweiflung spürte, dachte sie sich, dass das vielleicht der Richtige wäre, um den neuen Job anzugehen. Also erschien sie auf Hartmuts nagelneuer Webcam sitzend und erklärte ihm das, was sich nicht geändert hatte und worin sie sich hervorragend auskannte: Feenbusiness! Drei Wünsche ohne die altbekannten Kniffe, wie sich zum Beispiel unendlich viele Wünsche zu wünschen. So funktionierte Magie einfach nicht. Hartmut verstand. Ihm war ohnehin nicht nach Tricks zumute, sondern nach einer Lösung seines Problems, ein unbeschriebenes Blatt im Unternehmen zu sein. Ein Leichtgewicht. Also beschloss er, sich ein fertiges, perfektes Image zu wünschen, das ihm schlagartig Gewicht und Wichtigkeit verleihen sollte. Er dachte an all die weltbekannten Anführer und Wirtschaftsmagnaten, zu denen er während seines Studiums aufgeblickt hatte, und sagte: »Fee, ich will gefürchtet sein!«

Die Fee seufzte. Genau so hatte sie sich das Erwachsenen-Wunsch-Business immer vorgestellt. Kein Kind der Welt hätte sich einen derartigen Schwachsinn gewünscht. Aber es war ihr erster Job für die neue Zielgruppe und sie wollte sich mächtig ins Zeug legen, um Eindruck zu schinden. »Erledigt«, sagte sie und machte es sich auf Hartmuts Mousepad bequem.

Hartmut fühlte sich augenblicklich von Selbstvertrauen durchströmt – und von neuen Erinnerungen. Klar, wenn man sich ein fertiges Image wünscht, dann brauchte es Erlebnisse, Handlungen, Taten, die dieses Image geschaffen hatten. Und so sah Hartmut vor seinem inneren Auge, wie er einem älteren Mitarbeiter aus seinem Team am Gang die Meinung sagte – nicht nur mit donnernder Stimme, sondern mit seinem ganzen Körper. Ein Fehler war passiert und er würde dem Schuldigen klar machen, dass das nicht akzeptabel war. Also drängte er ihn buchstäblich in eine Ecke und brüllte ihn aus nächster Nähe an – eine deutliche Geste, die ihre Wirkung nicht verfehlte. Der Mitarbeiter machte diesen Fehler nie wieder – allerdings machte er auch sonst kaum noch etwas, vor lauter Angst, etwas falsch zu machen.

Und so kam es, wie Hartmut es sich ausgemalt hatte. Praktischerweise sorgte sein Ganggebrüll auch gleich dafür, dass alle im Unternehmen wussten, woran sie mit Hartmut waren. Das gesamte Team mied jeden unnötigen Kontakt mit dem Chef. Und der Chef mied den Kontakt mit dem Team, denn die Zahlen stimmten. Dafür hatte er ja gesorgt. Die anderen Vorgesetzten im Unternehmen mieden ihn auch. Aber ganz oben war man zufrieden – und das war schließlich die Hauptsache.

Doch Hartmut war noch immer unglücklich. Er hatte sein angsteinflößendes Image und seinen wirtschaftlichen Erfolg, doch er war einsam. Und dass in seiner Abteilung ständig Mitarbeiterinnen und Mitarbeiter kamen und gingen, nervte ihn. Es war Zeit für eine Kurskorrektur. Er nannte seinen zweiten Wunsch: »Fee, ich will geliebt werden.« Die Fee seufzte. Natürlich. Das andere Extrem. Kein Kind der Welt hätte sich das wünschen müssen, da Kinder in der Regel ohnehin geliebt werden. Aber Wunsch war Wunsch und der Kunde war König – in diesem Falle sogar buchstäblich. »Erledigt«, sagte sie und machte es sich auf Hartmuts nicht mehr so ganz nagelneuem Schreibtisch bequem.

Hartmut blickte sich um und war überrascht, plötzlich inmitten von Geschenkkörben und Blumen zu sitzen. Er fühlte sich von einem Gefühl der Wichtigkeit durchströmt. Er atmete tief durch und nahm eine zwischen Obst und einer Sektflasche steckende Karte in die Hand. »Für den besten Chef der Welt von Deinem dankbaren Team«, stand da drauf.

Und dann kamen auch schon die neuen herbeigewünschten Situationen. Zum Beispiel jene, wie er eine jüngere Mitarbeiterin mit Charme und Süßholzraspeln dazu überredete, noch eine weitere Woche Überstunden zu schieben, um den Bericht fertigzustellen. Es war fast zu einfach. Auch bei den anderen. Und alles, was es kostete, war Aufmerksamkeit. Zugegeben, es kostete in Summe recht viel Aufmerksamkeit. Hartmuts Büro war gut besucht von Mitarbeiterinnen und Mitarbeitern, die ihm ihr Herz über ihre persönlichen Probleme ausschütteten, und Führungskollegen, die dasselbe taten. Denn sie wollten wissen, wie Hartmut es angestellt hatte, einfach alles von seinem Team verlangen zu können.

Bei dieser Gelegenheit zeigte Hartmut gerne die Dankeskarte des Kollegen vor, den er hatte kündigen müssen. Gab es einen größeren Beweis dafür, wie sehr er geliebt wurde? Ganz oben liebte man ihn dafür natürlich auch, denn klarerweise stimmten die Zahlen – kein Wunder bei all den unbezahlten Überstunden, die sein Team mit größter Freude leistete.

Doch Hartmut war im Grunde seines Herzens noch immer unglücklich. Er hatte sein liebevolles Image und seinen wirtschaftlichen Erfolg, doch er war noch immer einsam – diesmal auf einem sorgsam errichteten Podest. Und dass in seiner Abteilung ständig Mitarbeiterinnen und Mitarbeiter unter der Arbeitslast oder unter dem Konkurrenzkampf um seine Gunst zusammenbrachen, belastete ihn.

Ehrlich gesagt war es auch für ihn selbst ein ganz schön anstrengender Job, die Zuneigung der Menschen angemessen zu erwidern und ein Freund zu sein, auf den man sich in allen Lebenslagen verlassen konnte. Das behagte ihm nicht wirklich.

»Fee, ich will …«

»Vorsicht, das ist der letzte Wunsch!«

»Ich weiß.«

Hartmut ging in sich. Das mit dem makellosen Image beinhaltete mehr Fallstricke als gedacht. Autorität, Freundschaft, Respekt, Wertschätzung ... es musste doch etwas geben, was all das vereinte und ihm gleichzeitig den wirtschaftlichen Erfolg sicherte.

Dann kam ihm die richtige Idee: »Fee, ich will authentisch sein!«

Die Fee seufzte. Also stimmten all die Geschichten, die sie von erfahrenen Feekolleginnen über das Wunschverhalten von Erwachsenen gehört hatte: Kein Kind der Welt hätte seine drei Wünsche derart sinnlos dafür verschwendet, dass am Ende wieder alles so war wie zu Beginn – nur weil man etwas aus Selbstzweifel und fehlendem Mut nicht getan hatte, was man auch ohne übernatürliche Hilfe hätte tun können.

»Erledigt«, sagte sie und flog kopfschüttelnd aus Hartmuts geöffnetem Bürofenster.

Hartmut wartete auf die neuen Gefühlsregungen – auf überschäumendes Selbstbewusstsein, überirdisches Charisma und sonstiges »Überdrüber«. Nichts. Immerhin spürte er, dass ansonsten alles stimmte: Er wurde von seinem Team, von seinen Führungskolleginnen und -kollegen und auch von der Unternehmensspitze geachtet und geschätzt. Und auch die Zahlen passten. Er war nicht einsam und er hatte keine Angst, irgendetwas falsch zu machen. Und dennoch war da etwas im Vergleich zu den ersten zwei Wünschen, das ihm seltsam vorkam.

Dann fiel es ihm auf. Er rannte zum Fenster, steckte den Kopf durch die Öffnung und rief der Fee hinterher: »Moment, da stimmt was nicht! Das ist ja ein ständiger Balanceakt!« Die Fee schüttelte immer noch den Kopf und hoffte, dass der nächste Erwachsene ein bisschen mehr Dankbarkeit zeigen würde. Kein Kind der Welt wäre auf die Idee gekommen, sich über das geschenkte Talent zu beschweren, perfekt balancieren zu können.

Sechs essenzielle Schritte vom Ich zum Wir

1. Kommunizieren Sie regelmäßig!

Bauen Sie Vertrauen auf, indem Sie regelmäßigen, offenen und konstruktiven Austausch mit Ihrem Team pflegen – allerdings in einem glaubwürdigen und vernünftigen Ausmaß. Reden Sie also mit den Menschen, die Sie führen, so oft wie es das »Daily Business« erfordert und es die Aufrechterhaltung (oder Steigerung) der Performance bzw. der Moral und Stimmung erfordert. In »heißen Phasen« wird das vielleicht einmal am Tag sein, im Normalbetrieb sollte der Austausch mit Ihrem Team mindestens einmal pro Woche stattfinden – selbst, wenn Sie gerade nicht vor Ort verfügbar sein sollten. Die neuen Technologien machen dies ja auf vielfältige Weise möglich. Wichtig ist aber klarerweise auch, wie Sie diese Gespräche führen (ja, auch das zählt zu einer guten Führung!): Nutzen Sie das Gespräch als »Performance Pusher«. Erzählen Sie von den Aufgaben und den Erwartungen an Ihr Team, vereinbaren Sie bis zum nächsten Meeting gemeinsam realistische Ergebnisse, die das Team erreichen sollte. Auf welche Weise diese Ergebnisse tatsächlich zustande kommen, ist dabei nicht Ihr primäres Thema. Als Leader sind Sie erst dann wichtig, wenn das Team Ihren Support benötigt. Vertrauen Sie darauf, dass Sie Expertinnen und Experten im Team haben, die wissen, was zu tun ist – und es auch tun. Ob und wie Ihr Team vorankommt, erkennen Sie – und hier schließt sich der Kreis – durch den regelmäßigen Austausch und die gemeinsam definierten Ergebnisse. Geben Sie den Menschen, die Sie führen, Vertrauen und Gelegenheit, dieses Vertrauen zu rechtfertigen. So entsteht Wachstum.

2. Informieren Sie ungefiltert!

Informationen sind das A und O für ein High-Performance-Team. Geben Sie daher wertvolles Wissen an Ihr Team weiter. Seien Sie offen, klar, fair und verantwortungsvoll. Bedenken Sie dabei auch, dass Sie kein Freund, sondern der bzw. die Vorgesetzte sind. Es geht nicht um Freundlichkeiten oder gute Laune, sondern darum, gut miteinander zu arbeiten. Es liegt auch in Ihrer Verantwortung, Ihre Mitarbeiterinnen und Mitarbeiter zu schützen – mit Sicherheit aber nicht vor Information. Auch wenn Fehler passiert sind, sollte man darüber offen sprechen können, sich gegebenenfalls entschuldigen und wieder auf das Ergebnis achten. Verschwenden Sie keine Energie mit einer übertriebenen Suche nach Schuldigen. Wo gearbeitet wird, passieren auch hin und wieder Fehler.

3. Klären Sie regelmäßig die Rollen aller im Team – inklusive Ihrer eigenen!

Gerade im Projektmanagement kommt es vor, dass man verschiedene Rollen, Bereiche und Beziehungen zu leben hat. Die sollten offen besprochen werden, um Konflikten, Missverständnissen und fachlichen Überschneidungen proaktiv zu begegnen. Jede Unklarheit im Team über Zuständigkeiten und Aufgabenbereiche führen unweigerlich zu Orientierungslosigkeit, Übergriffen oder Stillstand, weil niemand mehr Entscheidungen zu treffen wagt.

4. Definieren Sie klare Ziele!

Was wollen Sie gemeinsam mit Ihrem Team erreichen? Welches Ergebnis soll am Ende Ihrer Bemühungen und Anstrengungen herauskommen? Menschen können nur gut performen und Leistung erbringen, wenn sie ein klares Ziel vor Augen haben. Mit Schüssen ins Blaue landet man selten einen Haupttreffer. Sie würden beim Antritt ihrer Urlaubsreise auch nicht wirklich gern ins Flugzeug steigen, wenn Sie nur ungefähr wüssten, wo es hingeht. Genauso sollten Sie Ihr Team nicht auf eine Reise ins Ungewisse schicken. Im Gegenteil: Es sollte jedem im Team zu jeder Zeit klar sein, was es zu erreichen gilt, um einen »Erfolg zu landen«.

5. Verteilen Sie Aufgaben unmissverständlich!
Letztlich kommt man nur wohin, wenn die einzelnen Schritte zuverlässig gesetzt werden. Ohne gute Organisation der Arbeit – also der Klärung der Frage »Wer macht was?« – kommt man nicht weit. Hierbei geht es nicht um Perfektion, sondern um Praxisnähe. Die Rollen müssen zu 100 Prozent klar sein, die Organisation selbst muss funktionieren. Sprich: Jeder muss wissen, was zu tun ist, und jemand Geeignetes muss es dann auch verlässlich tun.

6. Setzen Sie auf Gemeinsamkeit!
Achten Sie stets darauf, dass die Organisation und die Prozesse dahinter gemeinsam abgestimmt werden. Wenn nicht alle Beteiligten über den gleichen Wissenstand und die gleiche Auffassung verfügen, sind die ausgeklügeltsten Pläne und raffiniertesten Ideen nichts wert. Denn dann werden viele, viele Missverständnisse lediglich für Chaos, Hektik und schlechte Stimmung sorgen – und darüber hinaus wahrscheinlich auch teure und zeitfressende Nachjustierungen erforderlich machen. Was nicht gemeinsam vereinbart wird, ist kein Teamwork – also kein »Wir«. Achten Sie daher darauf, dass alle Abläufe so ergebnisorientiert wie möglich gemeinsam definiert (und verstanden) werden.
An dieser Stelle noch ein kleiner Gedanke zum Thema »Motivation«: Ohne gemeinsames Ziel ist es unmöglich, ein Team langfristig zu motivieren. Es ist hingegen sehr leicht, ein Team dafür zu begeistern, gemeinsam einen Weg erfolgreich zu gehen.

3 Mit dem eigenen Spielraum vertraut machen – Leader kennen das Spielfeld und die Regeln

Entwicklungsfelder sind keine zu tilgenden Schwächen, sondern jene Bereiche, in die mehr Energie gesteckt werden muss, um sie stärker in den Vordergrund treten zu lassen.

Stärken und Schwächen – das Ergebnis zählt

Als Leader ist es schwierig, am Ball zu bleiben – vor allem deshalb, weil es nicht nur einen »Ball« gibt, sondern Dutzende, die es Tag für Tag virtuos zu jonglieren gilt: operative Aufgaben, Mitarbeiterinnen und Mitarbeiter mit ihren individuellen Problemen, Befindlichkeiten im Unternehmen oder Vorgesetzte, die schnell eine Auswertung benötigen. Es gibt ständig eine Menge Angelegenheiten, die Aufmerksamkeit, Zeit und Ressourcen benötigen. Und dennoch werden Sie – so wie Hunderttausende andere Führungskräfte auch – an etwas ganz anderem gemessen: Sie müssen Ergebnisse liefern! Die Zahlen müssen passen!

Die Frage aller Fragen: Wie schaffen Sie das kunstvolle Jonglieren und das richtige Ergebnis Monat für Monat und Jahr für Jahr, ohne dabei Raubbau am eigenen Körper, an der eigenen Psyche oder der Gesundheit anderer zu betreiben?

Einen ganz wesentlichen Erfolgsfaktor kennen Sie schon aus den vorangegangenen Kapiteln: Sie müssen die Stärken und Schwächen Ihres Teams kennen! Wie erreichen Sie das? Durch aktive Wahrnehmung Ihrer Umgebung und bewusstes Eingehen auf die Menschen in Ihrem Team – nicht einmal pro Tag, einmal pro Monat oder beim jährlichen Mitarbeitergespräch, sondern fortlaufend, ständig und regelmäßig.

Um den Überblick über die Stärken und Schwächen der Menschen, mit denen Sie arbeiten, zu behalten, empfiehlt es sich, Notizen zu machen oder eine Art »Kartei« anzulegen. So bleiben Sie auch über die jeweiligen Entwicklungsschritte Einzelner besser im Bilde.

Warum sind derartige Tools, Gedächtnisstützen und Hilfsmittel wichtig? Erfolgreiche Leader greifen auf derartige Strukturhilfen zurück, um Zeit zu sparen. Denn damit unter dem Strich die Zahlen stimmen, müssen sie einen Großteil ihrer Energie und Aufmerksamkeit auf das Ergebnis und den Erfolg richten.

Sie werden als Führungskraft dafür bezahlt, dass Sie Ihr Team zu Höchstleistungen bringen und damit zum Erfolg des Unternehmens beitragen. Der wahre Erfolg als Führungskraft zeigt sich nicht nur in zufriedenen Mitarbeitergesichtern, sondern ganz brutal und trocken im wirtschaftlichen Erfolg. Darum möchten wir uns in diesem Kapitel ganz und gar dem ergebnisorientierten Führen widmen.

Der Mensch im Mittelpunkt

Sie haben schon recht, wenn Sie jetzt denken, dass es doch auch bisher bereits um das Erreichen von Zielen ging. Und trotzdem gibt es ein paar Feinheiten und Aspekte, die hinzukommen. Eines ist vorweg wichtig – und eine erneute Erwähnung wert: Sehen Sie die Menschen, mit denen Sie arbeiten, immer als wichtigste Ressource und niemals als Mittel zum Zweck oder Arbeitskraft in Form von zu zählenden Köpfen oder Mannstunden. Bewahren Sie die Haltung, die Sie sich erarbeitet und definiert haben, und behandeln Sie andere auch unter Druck, Stress und in geschäftlich harten Zeiten mit Respekt, fair und auf Augenhöhe! Oder anders gesagt: Bleiben Sie als Leader in jeder Situation glaubwürdig!

Auch beim ergebnisorientierten Führen geht es nicht darum, andere vor sich herzutreiben, sondern gemeinsam mit anderen auf Ergebnisse hinzuarbeiten – jeder mit dem Einsatz seiner individuellen Stärken und Schwächen. Das eine ohne das andere gibt es nicht! Hier sind Menschen aktiv, keine Maschinen.

Nun verstehen Sie, warum die gezielte Analyse Ihres Teams so wichtig ist. Nur so erkennen Sie das Gesamtbild, das Leistungsvermögen und auch die Grenzen Ihres Teams. Nur so können Sie fundiert Risiken abschätzen bzw. Annahmen und schließlich Entscheidungen treffen.

Natürlich können Sie nur jene Menschen analysieren, begleiten und unterstützen, die Sie unmittelbar und direkt führen. Falls Sie Abteilungen und Bereichen vorstehen, können Sie natürlich dafür sorgen, dass die Führungskräfte dieser Einheiten ebenfalls ihre »Hausaufgaben« machen und Ihnen ihre Einschätzungen kommunizieren.

Die lohnendste Grundlage für ergebnisorientiertes Führen ist das bestmögliche Wissen, wo welche Mitarbeiterinnen und Mitarbeiter aufgrund ihrer Stärken und Schwächen am besten einzusetzen sind und wo die individuellen Schwächen liegen, um die Entwicklungsfelder auszumachen und entsprechend zu unterstützen. Das erreichen Sie durch – Sie werden es schon erraten haben – Instinkt, Gespräche, Wahrnehmung, Reflexion und Dokumentation Ihrer Erkenntnisse – und das alles in vielen, vielen Durchläufen.

Setzen Sie alles ein, was Ihnen zur Verfügung steht! Wenn Sie das Gefühl haben, dass Sie strukturierte Unterstützung brauchen, holen Sie sich Hilfe, zum Beispiel über die Technik des 360°-Feedbacks, Coachings, SWOT-Analysen oder andere theoretische Management-Tools, die Ihnen wertvolle Rückschlüsse ermöglichen.

Wichtig ist, dass Sie ein gutes Bild über die Stärken und Schwächen Ihres Teams haben. Erst dann sind Sie bereit für ergebnisorientiertes Führen.

Der letzte Schritt

Helga seufzt und fragt sich zum wiederholten Mal, warum sie sich das angetan hat. Okay, es ist ihr kleiner Bruder, der Hochzeit feiert, aber es gibt genug andere, die die Organisation der ganzen Feierlichkeiten übernehmen könnten. Aber ein bisschen ist sie auch stolz darauf, dass nun gerade ihr diese Aufgabe zugefallen ist.

Und es ist ja auch schon alles organisiert. Das heißt: alles bis auf eine Kleinigkeit. Helga braucht noch einen Fahrer für das extra angemietete supertolle Auto mit dem Brautpaar – also jemanden, der einen Konvoi von … Helga zählt noch einmal im Geiste nach … unglaublichen 23 Autos anführt. Schön, dass sie so eine große Familie sind, aber manchmal bedeutet Größe auch einfach nur blankes Chaos. »… aber auch eine große Auswahl an Fähigkeiten«, denkt Helga ihren Gedanken zu Ende.

Es wird doch sicherlich keine Schwierigkeit darstellen, einen Fahrer für die schicke und aufwendig geschmückte Sportwagenlimousine zu finden. Wahrscheinlich werden sich so gut wie alle erwachsenen Führerscheinbesitzer darum reißen, sich hinter das Steuer zu setzen, inklusive ihres kleinen Bruders. Doch der kann mit Sicherheit nicht. Er muss ja auf dem Rücksitz Platz nehmen, glücklich aussehen und winken.

Opa und Oma scheiden schon aufgrund der Tatsache aus, dass sie seit Jahren kein Fahrzeug mehr gelenkt haben. Onkel Eduard hat begeistert zugesagt – bis er ein Bild von dem Auto gesehen hatte und meinte, dass er mit seinem Rücken und seinem gerade noch passenden Anzug wahrscheinlich nicht so ohne Weiteres würde ein- und aussteigen können. Der Vater der Braut will im eigenen Auto fahren, dessen Vater seine Frau nicht allein lassen und der Bruder der Braut hat gerade erst den Führerschein gemacht. Das ist Helga dann doch etwas zu riskant. Onkel Toni traut sich nach 30 Jahren Automatikgetriebe nicht mehr zu, ein Auto mit Gangschaltung zu fahren. Bei Cousin Waldemar steht die zunehmende Kurzsichtigkeit im Wege, bei den Nachbarn die fehlende Zusage, ob sie es überhaupt so früh zur Kirche schaffen würden.

Egal, wo Helga auch hinsieht: Es gibt Tausende Gründe, Entschuldigungen, Ausreden oder Befindlichkeiten, warum der oder die Betroffene sich nicht hinter das verdammte Steuer klemmen kann, um das Brautpaar zur Kirche zu bringen.

»Ich mache es«, sagt Helgas größere Schwester Herta fröhlich.

»Du weißt genau, dass ich dich schon vorher in der Kirche brauche«, stöhnt Helga. Es ist ihr unangenehm, dass sich Herta überhaupt einmischt. Das war ihr Projekt und sie wird es auch ohne die guten Ratschläge ihrer großen Schwester hinbekommen – auch wenn die mehrmals täglich auf ihre Erfahrung als Abteilungsleiterin hinweist, die auch hier »zweifelsohne von großem Nutzen« sein könnte.

Doch nach der Kaskade an Absagen ist Helga schließlich so weit, dieses allerletzte Problem mithilfe ihrer ach so klugen Abteilungsleiter-Schwester zu lösen: »Also gut, was schlägst du vor?«

Herta: »Was ist das Wesentliche?«

Helga: »Einen verdammten Fahrer zu finden! Das ist doch klar!«

Herta: »Nein, ich meine: Was ist das Wichtigste in dieser Situation? Was muss unter dem Strich auf jeden Fall klappen?«

Helga: »Dass jemand den sündteuren Mietwagen ohne Beschädigung zur Kirche lenkt und mit dem Brautpaar und den anderen Gästen pünktlich dort ankommt.«

Herta: »Prinzipiell richtig, aber du siehst es zu eng.«

Helga: »Hör zu, das ist das letzte Mosaiksteinchen einer monatelangen Planung und das werde ich auch noch hinbekommen.«

Herta: »Zweifelsohne, aber vielleicht musst du einen Schritt zurückgehen. Erinnerst du dich an unseren Zauberwürfel aus den 80er-Jahren?«

Helga: »Ja, aber was hat der jetzt mit der Hochz…«

Herta: »Den Würfel hatten wir ebenfalls oft fast gelöst, aber ein Kästchen hat nicht gepasst. Dann mussten wir auch etliche Schritte zurückgehen, um einen neuen Weg zu finden.«

»Und so etwas lernst du als Abteilungsleiterin?«, fragt Helga erstaunt.

»Unter anderem«, lacht Herta.

Helga: »Okay, aber wie hilft mir das beim Finden eines Fahrers?«

Herta: »Vergiss den Fahrer!«

Helga: »Wie bitte?!«

Herta: »Geh in Gedanken einen Schritt zurück, stell alles infrage und zieh alles in Betracht. Zum Beispiel die Hochzeit abzusagen!«

Helga: »Du spinnst wohl!«

»Das ist nur ein Extrembeispiel«, lacht Herta. Sie hat sichtlich Spaß an der Problemlösung. »Du könntest auch die Kirche wechseln und eine nähere auswählen.«

»Kommt nicht infrage!« protestiert Helga. Aber sie hat verstanden, worauf Herta hinauswill. Inzwischen hat sie schon die Notwendigkeit eines Mietwagens für das Brautpaar infrage gestellt und allein dadurch haben sich eine Reihe von Möglichkeiten ergeben, die sie zuvor in ihrer Fixierung auf das Finden eines Fahrers nicht gesehen hat. Zum Beispiel könnten Braut und Bräutigam auf dem Rücksitz von Onkel Eduards schickem Wagen mitfahren oder bei Onkel Toni.

»Gar nicht schlecht, wenn die große Schwester ihre Führungsqualitäten einbringt«, murmelt Helga.

Herta: »Was hast du gesagt?«

Helga: »Nichts, nichts. Aber ich habe schon ein, zwei Ideen, wie ich ans Ziel komme.«

»Daran habe ich nie gezweifelt«, lächelt Herta.

Das angestrebte Gesamtergebnis im Blick behalten

Falls Sie nicht in der Situation sind, an der absoluten Spitze Ihres eigenen Unternehmens zu stehen, wo Ihr Wort mehr oder minder Gesetz ist, dann sind Sie als Leader der berühmte »Teil des großen Ganzen«. Diesen Begriff bekommen wir immer wieder zu hören, doch was bedeutet er eigentlich? Und wieso wird darauf so oft hingewiesen?

Manche Führungskräfte vergessen manchmal, dass ihr Bereich nur ein Teil von etwas Größerem ist – so verstrickt sind sie in Entscheidungen, Überlegungen und Strategien, die oftmals nur ihren eigenen, unmittelbaren Wirkungsbereich betreffen. Doch wie man es dreht und wendet: Abteilungen, Bereiche, Gruppen und Teams sind in Unternehmen stets Teil eines größeren Puzzles – manchmal ein Eckstück, manchmal mittendrin im Geschehen.

Weil es so gerne vergessen oder zur Seite geschoben wird, eine kurze Erinnerung an das Wesentliche: Sie werden dafür bezahlt, das Ergebnis der gesamten Organisation im Blickfeld zu haben! Genau das unterscheidet Sie von Ihren Mitarbeiterinnen und Mitarbeitern: Diese haben sich »nur« auf das Teamergebnis zu konzentrieren. Sie müssen größer denken.

Deshalb ist diese Frage so wichtig: Kennen Sie das aktuelle Gesamtergebnis, das Ihre Organisation anstrebt? Vielleicht fallen Ihnen jetzt Umsatzzahlen oder Stückzahlen ein. Aber wie sieht es mit den strategischen Zielen aus? Wenn Sie wirklich ein Leader sein wollen, müssen Sie sich aktiv auch damit auseinandersetzen, denn erst dann ist Ihnen wirklich klar, was Sie zum Erfolg der gesamten Organisation beitragen können.

Wenn Sie das angestrebte Gesamtergebnis kennen, müssen Sie es – wenn das Ihre Vorgesetzten nicht für Sie gemacht haben sollten – für sich folgendermaßen herunterbrechen:

- Was bedeutet das angestrebte Gesamtergebnis für meinen Bereich?
- Was ist mein bzw. unser Beitrag dazu, dass wir als Team dieses angestrebte Gesamtergebnis mitgestalten und erreichen?
- Was müssen wir schaffen, damit es dem angestrebten Gesamtergebnis dient?

- Bis wann sollte dieses Teilergebnis erreicht werden, damit es dem angestrebten Gesamtergebnis dient?

Sie merken vielleicht: Diese Fragen schaffen Klarheit und helfen Ihnen zu verstehen, wohin die Reise gehen muss. Nichts ist fataler für Führungskräfte, als wenn sie in ihrer täglichen Arbeit den Zugang zum Gesamtergebnis und dann am Ende auch zu den eigenen Ergebnissen verlieren.

Zur Erinnerung: Wir reden hier nicht von zu erreichenden Zahlen, sondern auch von soften Fakten und strategischen Ausrichtungen. Werden Sie sich darüber klar, welchen Beitrag Sie dazu leisten! Dann denken Sie wie ein Leader – und nicht nur wie eine Führungskraft! Und: Ein Team ohne Ziel ist wie eine Reise ins Ungewisse. Kein Mensch würde zum Flughafen fahren und dort die Schalterdame entscheiden lassen, wo man landen soll. Im Berufsalltag passiert das im übertragenen Sinn aber täglich.

Tool »Ergebnisorientierte Führung in der Praxis«

1. Formulieren Sie klare Ziele – Ziele sind SMART!

Spezifisch – konkret, exakt, klar
Messbar – Zahlen, Daten, Fakten, Fristen
Aktiv beeinflussbar – aus eigener Kraft und aus eigenem Wirken
Realistisch – kein Wunschdenken
Terminiert – konkrete Termin-/Datumsangabe

Ziele sollten in der Gegenwartsform formuliert sein, nur einen Satz umfassen und – ganz wichtig – einen konkreten Nutzen beinhalten. Letzteres ist ein notwendiger Mehrwert für einzelne Mitarbeiterinnen und Mitarbeiter, das Team und die gesamte Organisation. Und das ist ja der eigentliche Grund für die Formulierung von Zielen und die Motivation dahinter!

Beispiel für ein klar formuliertes Ziel:
»Es ist der 20. Dezember 2021 und das gesamte Führungsteam hat das Wissen über das Computersystem XYZ bei allen Mitarbeiterinnen und Mitarbeitern (gesamte Anzahl) so weit gefestigt, dass diese das System selbstständig und unter Einhaltung aller Sicherheitsvorschriften betätigen können, um langfristig die Prozesse bei der Kundenbetreuung zu vereinfachen.«

Wenn dies das Ziel ist, dass Sie für das Team definiert haben, können Sie gemeinsam mit dem Team noch einen Feinschliff machen und es noch konkreter definieren. Jedes Teammitglied kann zusätzlich noch ein individuell heruntergebrochenes Ziel für sich selbst finden.

Beispiel:
»Es ist der 19. Dezember 2021 und unser Team von vier Leuten hat sich das Wissen über das Computersystem XYZ so weit angeeignet, dass wir die Kundendaten aktuell halten und alle notwendigen Sicherheitsvorschriften einhalten, um in den nächsten Monaten täglich zirka 2 Stunden an unnötigem Bearbeitungsaufwand einzusparen.«

Dieses Ziel ist jetzt auf ein Team von vier Leuten heruntergebrochen. Je weiter das hierarchisch gesehen passiert, desto konkreter wird das Ziel. Gleichzeitig wird dadurch für Sie als Leader klarer, was Sie zu tun haben und wie dies dem Gesamtergebnis dient.

2. Formulieren Sie Ergebnisse auf dem Weg zum Ziel!
Was sind genaue Ergebniskriterien, die das Ziel unterstützen würden? Was genau müssten Sie definieren, damit Sie entlang des Wegs erkennen, ob Sie noch in der Erfolgsspur sind?
Bleiben wir bei unserem Beispiel. Folgende Ergebniskriterien wären jetzt für das anvisierte Ziel sinnvoll:

- Alle Mitarbeiterinnen und Mitarbeiter (…) wurden durch ein Schulungssystem so geschult, dass sie den Umgang mit dem System XYZ weiter selbstständig üben und in ihren Alltag einbauen.
- Sämtliche Führungskräfte haben den Nutzen des Systems verstanden, bringen die Vorteile des Systems im ganzen Unternehmen zur Sprache und stehen überzeugt hinter der Einführung des Systems.
- Die Schnittstellenprozesse des neuen Systems wurden in allen Abteilungen analysiert und von den Mitarbeiterinnen und Mitarbeitern wurden FAQs ausgearbeitet, die über die interne Kommunikation wiederholt und im Unternehmen sichtbar gemacht wurden.
- Für alle Mitarbeiterinnen und Mitarbeiter steht eine Hotline für schnelle Hilfe bei Fragen zur Verfügung.
- Die interne Kommunikation hat sich des Themas angenommen und informiert permanent über das System, dessen Vorteile und die Handhabung in Storys und Fakten.

Sie merken schon: So werden die Ergebnisse sehr konkret – speziell, wenn Sie diese gemeinsam mit dem Team feinschleifen. Denken Sie immer daran: Was wollen wir erreichen? Was soll auf dem Weg zum eigentlichen Ziel das Ergebnis sein? Was dient dem Ziel?

Sind Sie bereit für die essenzielle Kernbotschaft? Bei ergebnisorientiertem Führen denkt man nicht an das Wie! Wie Sie die jeweiligen Dinge erledigen, ist eine reine Umsetzungsfrage, die erst relevant wird, sobald Sie sich mit dem Was beschäftigt haben. Genau darin liegt der Schlüssel zum Erfolg. Viele Führungskräfte machen sich zu wenig über das Was Gedanken, sondern denken über das Wie nach.

Vielleich haben Sie das ja auch schon erlebt, wenn die Unternehmensspitze ein gewaltiges Zukunftsbild (also ein Was) vorstellt und im Publikum sofort die Frage aufkommt, wie man das bloß erreichen soll.

Denken Sie vielmehr: Was brauchen wir, damit wir das schaffen? Was muss vorhanden sein, damit wir das schaffen? Was muss sich ändern, damit wir das schaffen? Was muss eingeführt werden, damit wir das schaffen?

Fazit: Das Was macht mehr möglich als das Wie!
Das Wie grenzt ein und geht immer nur von dem aus, was möglich ist. Beim Was denken Sie über den Tellerrand und darüber hinaus nach. Jetzt haben Sie ein Ziel und Ergebniskriterien.

3. Definieren Sie den Mehrwert für die Gesamtorganisation!
Jetzt kommt es darauf an! Sollten Sie an dieser Stelle erkennen, dass es keinen Mehrwert gibt, sollten Sie die Ergebniskriterien gut überdenken und vielleicht sogar die Ziele neu definieren. Ohne Mehrwert für die Mitarbeiterinnen bzw. Mitarbeiter oder das Unternehmen ist jedes Ziel oder Ergebnis sinnlos!

4. Vergessen Sie bei der ganzen Arbeit nicht sich selbst!
Was haben Sie für Stärken und Schwächen? Welche Ziele verfolgen Sie als Führungskraft? Welche Ergebnisse wollen Sie erreichen? Und: Was haben Sie für einen Nutzen davon? Jetzt geht es nur mehr darum, alle ins Arbeiten zu führen. Idealerweise definieren Sie zu den Hauptzielen monatliche oder sogar wöchentliche Ergebnisse, die erreicht werden sollen, um am Ende das große Ergebnis zu erreichen. Sie führen jetzt Meetings durch, bei denen hinterfragt wird, was man erreicht hat und was man in der kommenden Woche erreichen will. Dadurch bekommen Sie eine starke Energie ins Team und die Lösungen werden Ihnen idealerweise nur so um die Ohren fliegen.

Es muss nicht – wie in unserer Geschichte von Seite 142 – die ganze Hochzeit hinterfragt werden, sondern nur immer wieder der Zugang zu einem großen Ganzen. Genauso sollte es auch bezüglich Ihrer regelmäßigen Ergebnisse sein.

Alle ins Boot holen – nur wer niemanden zurücklässt, kommt wirklich ans Ziel

Kennen Sie diese spezielle Hassliebe von einem Team zu einem Projekt? Anfangs sind noch alle Feuer und Flamme und schaufeln sich Zeit frei, um das Projekt schnell voranzubringen. Doch mit Fortdauer des Projekts und länger werdenden Intervallen zwischen den Meetings bleibt plötzlich die Energie auf der Strecke. Die vereinbarten Termine werden weniger, die Absprachen sind nicht mehr so intensiv und irgendwann arbeiten dann nur noch die Projektleiterinnen und Projektleiter. Der Rest des einst leidenschaftlichen und begeisterten Teams ist abgesprungen und somit operativ nicht mehr im Boot.

Was hier etwas überspitzt und im Zeitraffer formuliert wurde, ist in vielen Teams Alltag. Mit der Energie gehen auch die Produktivität und die Freude flöten und aus einer anfänglichen Herzensangelegenheit wird schnell eine lästige Verpflichtung für eine Sache, die ohnedies »von Anfang an zum Scheitern verurteilt war«.

Als Leader sollten Sie auch die Kunst beherrschen, das Feuer für ein gemeinsames Projekt am Lodern zu halten – und zwar möglichst bei allen Beteiligten bis zur Zielerreichung. Aber da dieses Buch sich bewusst an der Realität orientiert, werden wir Ihnen nicht vorgaukeln, dass dies immer zu 100 Prozent möglich ist. Überall, wo Menschen involviert sind, muss man mit Rückschlägen und Durchhängern rechnen. Und manchmal kann eine solche Phase der unproduktiven Ruhe einem Team auch durchaus guttun.

Das Talent, »Leute bei der Stange zu halten«, ist eine der herausragenden Eigenschaften von Leadern. Darum widmen wir dieser Kunst auch ein eigenes Kapitel. Was gilt es zu beachten? Die folgenden fünf Punkte sind wichtig, wenn Sie mit Ihrem Team erfolgreich arbeiten wollen. Sie helfen Ihnen dabei, offen zu bleiben und Vertrauen aufzubauen.

- **Achtsamkeit und positive Konzentration auf Fehler:** Jeder Mensch macht Fehler. Das ist normal. Es ist aber entscheidend, wie Sie als Führungskraft damit umgehen. Die häufigste Ursache von Fehlern ist nicht Böswilligkeit, sondern Unwissenheit. Reflektiert man Fehler gemeinsam mit Mitarbeiterinnen und Mitarbeitern, kommen oft auch wichtige Informationen zutage, die dem ganzen Team nützen. Die richtige Reaktion von Leadern auf Fehler ist also: annehmen, reflektieren, Lösungen suchen und Maßnahmen setzen, damit der gleiche Fehler nicht noch einmal passiert.
- **Akzeptanz der Komplexität und Unvorhersagbarkeit:** Nicht alles im Leben ist vorhersehbar. Daher ist es für Leader besonders wichtig, komplexen Themen mit Akzeptanz und Offenheit zu begegnen. Gerade in Projekten stößt man unweigerlich auf Unerwartetes oder Hürden. Im Angesicht dieser Überraschungen offen und trotzdem flexibel zu bleiben, ist eine hohe Kunst des Führens.
- **Streben nach Flexibilität:** Wahre Leader denken: »Wenn es so nicht geht, wird es anders gehen.« Nichts ist bei der Konfrontation mit Problemen hinderlicher, als auf einem bestimmten Weg oder einer bestimmten Sichtweise zu beharren. Sie erinnern sich: Es geht ja nicht darum, wie Sie etwas erreichen, sondern dass Sie es erreichen.
- **Hohe Sensibilität für betriebliche Abläufe:** So wichtig auch Flexibilität und Offenheit sind – es braucht auch gewohnte und erprobte Abläufe, Prozesse und Regeln. Gerade in Krisen oder wenn neue Bosse das Ruder übernehmen, gerät das oft in Vergessenheit. Altbewährtes ist nicht immer schlecht oder überholt, sondern kann zum Sicherheitsempfinden aller Beteiligten beitragen.
- **Große Achtung vor fachlichem Wissen und Können:** An diesem Punkt sind schon viele talentierte Führungskräfte gescheitert. Haben Sie stets Achtung vor Menschen, die über Wissen,

Erfahrung und Know-how verfügen. Wie eine Missachtung endet, können Sie in jeder zweiten Büro-Comedy sehen: Die arrogante Chefin oder der ignorante Boss treten die Warnungen von hierarchisch niederer gestellten Mitarbeiterinnen und Mitarbeitern mit Füßen, um recht zu behalten, und scheitern am Ende spektakulär mit ihren Machtspielchen. In Wirklichkeit ist das nicht nur alles andere als spaßig – es kann auch brandgefährlich sein. Bei der Reaktorkatastrophe von Tschernobyl hätte die Ignoranz von Vorgesetzten beinahe in einer kontinentalen Katastrophe geendet. Damals wurden die Warnungen der Experten vor Ort in den Wind geschlagen, die einen Testlauf abbrechen wollten – aus persönlicher Karrieregeilheit der Vorgesetzten und deren Angst vor dem sowjetischen »Apparatschik«, dem sie bei einem Abbruch Rede und Antwort hätten stehen müssen. Diese Ignoranz führte zum bekannten Super-GAU – und beinahe zu einer radioaktiven Verseuchung Europas. Es ist wichtig, hellhörig zu sein, wenn Fachexpertinnen und -experten in Ihrem Team »aufzeigen« und anderer Meinung sind. Greifen Sie auf das Mehr an Wissen zurück und nehmen Sie es ernst! Nicht immer ist eine andere Meinung bloßer Widerstand oder Unwillen – manchmal ist sie wertvoller Input, um eine Entscheidung zu überdenken bzw. einen besseren Weg zu suchen.

Kapitänspatent

»Ich würde auch gerne einmal Mannschaftskapitän sein«, sagt Jonas eines Tages im Sportunterricht der 8. Klasse und findet sich sofort vor einer Wand aus höhnischem Gelächter wieder.

»Was war das?«, erkundigt sich die Sportlehrerin.

Jonas: »Ich wäre gern eines der beiden Kinder, die die zwei Fußballmannschaften wählen dürfen.«

Das Gelächter brandet wieder auf. Jonas ist vermutlich der körperlich Schwächste der Klasse, alles andere als ein begnadeter Fußballspieler und meistens jener, der als Letztes und in Ermangelung von verbliebenen Alternativen in eine der Mannschaften gewählt wird.

»Du kannst froh sein, dass du überhaupt mitspielen darf«, meint Jens verächtlich. Normalerweise gebührt ihm als bestem Fußballspieler der Klasse das Privileg, einem der Teams als Kapitän vorzustehen.

»Warum nicht«, meint die Sportlehrerin zur Überraschung aller. »Jens und Jonas wählen heute die Mannschaften.«

»Moment noch«, sagt Jonas und rückt seine Brille zurecht. »Ich würde vorschlagen, dass Jens mit dem Auswählen beginnen darf und mein Team Anstoß hat.«

Mehr Gelächter – am lautesten von Jens: »Wer auch immer das Pech hat, in deinem Team zu sein, wird gleich eine ziemliche Lektion lernen.«

»Wir werden sehen«, sagt Jonas gelassen. Natürlich kommt sein mutiger Vorstoß nicht unvorbereitet. Er leidet seit der 1. Klasse darunter, dass es beim Fußball regelmäßig zu stumpfen, körperbetonten Schlagabtäuschen kam, an denen nur die bulligen Sportskanonen in der Klasse ihre Freude haben. Die Priorität der anderen Kinder ist, das ganze unverletzt zu überstehen, obwohl sie Fußball genauso lieben wie die körperlich überlegenen Spieler. Jonas' Vater ist Fußballtrainer und bei dem hat er sich ein wenig taktische Nachhilfe geholt. Er glaubt nun zu wissen, dass es in einem Team nicht nur auf rohe Durchsetzungskraft ankommt, sondern auch auf Intelligenz, Chemie und Cleverness.

»Was ist los?«, brüllt Jens. Er hat sich erwartungsgemäß seinen besten Freund Bruno als Erstes in die Mannschaft gewählt.

Jonas wählt keine der noch verfügbaren Sportskanonen, sondern mit Herbert einen ebenfalls schmächtigeren Jungen.

»Ich glaube, da will heute jemand so richtig eins auf den Deckel bekommen«, spottet Jens und holt den nächsten Hünen in seine Mannschaft.

Letztlich stehen sich die unterschiedlichsten Teams gegenüber, die der Sportunterricht dieser 8. Klasse je gesehen hat. Und 20 Minuten später liegt sich das Team der Außenseiter jubelnd in den Armen, während sich Jens und seine bulligen Freunde verdutzt und beschämt ansehen. Jonas und die anderen vermeintlich schwächeren Spieler haben den Gegner so lange mit cleverem Passspiel ins Leere laufen lassen, bis Frust, Ungeduld und Ratlosigkeit die Spieler der Mannschaft untereinander aufgerieben haben.

Inmitten eines solchen Streitgesprächs hat Jonas das Zeichen für einen einstudierten Spielzug gegeben, der das Spiel mit 1:0 für die Außenseiter entschieden hat.

»Schlag ein«, sagt Jonas zum noch immer verdutzen Jens.

Dieser gibt dem schmächtigen Brillenträger ein lasches High five.

»Wir hatten heute nicht nur Glück, weißt du«, sagt Jonas. »Wenn man einen Plan und ein Ziel hat, dann kann man über sich hinauswachsen.«

»Schön für dich«, brummt Jens, der sich insgeheim schon überlegt, was die vergangenen 20 Minuten für einen Einfluss auf seinen sozialen Status in der Schule haben werden.

»Schön für uns«, strahlt Jonas. »Überleg doch nur, wie wir mit diesem Wissen als Klasse gegen andere abschneiden können, wenn jeder von uns zum Zug kommen darf und wir nicht wie sonst einfach blind und alternativlos nach vorne stürmen.«

Jens denkt nach.

»Ich glaube, wir haben einen neuen Trainer«, meint Bruno, der noch immer mit seinem Atem ringt, aus dem Hintergrund.

Jens sieht Jonas an: »Haben wir?«

Jonas strahlt: »Haben wir!«

»Intime« Einblicke

Wichtig ist bezogen auf die Gruppendynamik auch der genaue Blick darauf, was innerhalb von Teams passieren kann, die mit einer Aufgabe konfrontiert sind. In den im Folgenden beschriebenen Phasen kann sich ein Team – in unterschiedlicher Intensität und Dauer – wiederfinden.

Phase der Orientierung

Der Anlass für eine (Neu-)Orientierung muss nicht groß sein. Ein neues Thema, ein neues Teammitglied, veränderte Rahmenbedingungen – jede Veränderung erfordert ein Innehalten und eine Bestimmung, wo man steht. Folgende Prozesse finden in dieser Phase statt: Einerseits wird Distanz gewahrt, gleichzeitig suchen die einzelnen Teammitglieder jedoch auch Nähe zu anderen: Mit wem kann ich gut? Wer steht mir nahe? Wer ist wichtig für das Projekt, für meine Rolle, für mich?

Man bleibt ein Teil einer Gruppe, aber auch gerne anonym (Sie kennen das vielleicht von Ihrem ersten Elternabend in der Schule Ihres

Kindes). Trotzdem juckt es einen dann doch, sich zu zeigen: Wie bin ich im Vergleich zu anderen?

In dieser Phase braucht die Gruppe bzw. das Team viel Anleitung. Die Führungskraft ist zu diesem Zeitpunkt ein Fels in der Brandung. Gleichzeitig will jedes Teammitglied bewusst er bzw. sie selbst sein – speziell, wenn es sich um ein neu zusammengestelltes Team handelt oder wenn ein alteingesessenes Team mit neuen Inhalten, Aufträgen oder Themen konfrontiert ist.

Spätestens jetzt finden sich alle in einer paradoxen Situation wieder: Einerseits will Neues erprobt werden, andererseits wollen die Mitarbeiterinnen und Mitarbeiter nicht auf Bewährtes und Vertrautes verzichten. Jeder will zeigen, dass er bzw. sie einzigartig ist, und trotzdem nicht zu anders sein als bisher. Ihre Aufgabe als Leader in dieser Phase: Holen Sie alle ins Boot und geben Sie klare Anleitungen! Klare Führung ist hier das A und O. Lehnen Sie sich nicht zurück! Die Zeit, in der Sie das Ruder nicht permanent unter Beobachtung haben müssen, wird kommen.

Phase der Gärung und Klärung

Sobald das Projekt ans Laufen kommt, werden die Anfangshemmungen größtenteils abgelegt. Die Gruppe kennt sich nach und nach besser und lässt Nähe zu. Die Folge: Mitarbeiterinnen und Mitarbeiter zeigen auch ihre schlechten Seiten, da die eigene Position klarer ist und sich jeder sicherer fühlt. Es ist ein bisschen wie in einer Beziehung, die sich gefestigt hat. Nach der Phase der ersten Verliebtheit verhalten sich beide so, wie sie wirklich sind. Niemand kann und will sich auf Dauer verstellen.

Jetzt steigt das Konfliktpotenzial und Rivalitäten zeigen sich. Rollenklarheit wird gewünscht und eingefordert. Einzelne wollen sich mit ihren Sichtweisen und Ansätzen durchsetzen – manchmal auch gegen die Führungskraft. Und nun steigt auch die Kritikfreude der Mitarbeiterinnen und Mitarbeiter und die Entscheidungen und Aussagen der Führungskraft stehen deutlicher auf dem Prüfstand. Jetzt ist der Zeitpunkt, um klare Regeln, Normen und Vereinbarungen zu treffen. Lässt man diese Gelegenheit aus, schafft man einen Nährboden für spätere zwischenmenschliche Konflikte.

Doch was Sie auch tun oder nicht tun, das Team hat sich am Ende dieser Phase organisiert. Ihre Aufgabe als Leader in dieser Phase: Seien Sie sich bewusst, dass Ihre Qualität als Führungskraft und Mensch auf dem Prüfstand steht! Auch wenn diese Zeit unruhig und belastend ist – stellen Sie sich der Herausforderung! Verstecken Sie sich nicht und verweigern Sie nicht die Kommunikation Was jetzt nicht angesprochen und geklärt wird, kommt mit Sicherheit zu einem späteren Zeitpunkt und mit größerer Intensität zurück.

Phase der Arbeitslust und Produktivität

Never change a winning team – reparieren Sie nichts, was nicht repariert werden muss! Eine gewisse Stabilität tritt ein. Das Team und die Gruppe arbeiten effektiv und voller Energie. Machen Sie nicht den Fehler, anzunehmen, dass diese Phase völlig frei von Krisen sein könnte. Auch hinter scheinbarer Harmonie können Konflikte schlummern – vor allem, wenn in der vorhergehenden Phase nicht alles restlos geklärt wurde. Ihre Aufgabe als Leader in dieser Phase: Bleiben Sie achtsam und beobachten Sie! Sorgen Sie für klare, gut kommunizierte Rollen und vergessen Sie nicht die soziale Ebene! Geben Sie immer wieder Raum und Zeit für Gespräche! Sie werden in dieser Phase zum Moderator und Berater. Dabei können Sie sich auch etwas zurückhalten und die Fäden langsam im Hintergrund ziehen. So stehen Sie dem Team spürbar, aber nicht überpräsent zur Seite und überwachen so die Einhaltung der Balance.

Phase des Abschlusses

Jetzt werden Projekte inhaltlich abgeschlossen bzw. es wird entschieden, wo und wie weitergearbeitet werden soll. Nun muss auch der Transfer in den Alltag passieren – speziell bei Projekten, bei denen man sich vom »Projektstatus«, also dem klar definierten Anfang und Ende, verabschieden muss. Es entsteht Angst vor der »unbekannten Zukunft« und den weiteren Schritten. Das Team überlegt, wie es wohl weitergeht und welche Aufgaben und Rollen man wohl zukünftig übernehmen wird. Trotz der aufkommenden Unsicherheit ist es an der Zeit, die vier durchlaufenen Phasen zu feiern und zu genießen. Ihre

Aufgabe als Leader in dieser Phase: Nun sind Sie wieder voll gefordert. Übernehmen Sie sehr bewusst und sichtbar strukturelle Arbeit und die Leitungsfunktion und machen Sie sich bereit dafür, dass der Kreislauf wieder von vorne beginnt!

Fazit: Idealerweise überschneiden sich die Phasen des Abschlusses und der (Neu-)Orientierung, um ein Team in Bewegung und motiviert zu halten. Die Übergänge sollten fließend und laufend sein. Daher ist es immer wieder gut, aktive Projekte auf dem Plan zu haben – ganz nach dem Motto »Raus aus dem Alltag, rein in neue Energien und Denkweisen!«.

Konflikte verstehen

Gehen wir aber noch etwas näher darauf ein, was in Teams Irritationen und Konflikte auslösen kann. Denn der Umgang damit ist schließlich eine wesentliche Aufgabe für Sie als Leader. Je mehr Sie darüber wissen, je mehr Sie verstehen, desto eher und wirkungsvoller können Sie in Aktion treten. Konflikte im Team sind die oftmals vernachlässigte Hausarbeit der Führungskräfte – nur wenn man nicht regelmäßig sauber macht, sieht man den Schmutz!

Die sechs häufigsten Ursachen für Irritationen oder Konflikte in Teams:

- mangelndes Vertrauen untereinander und in die Führung
- Informationsmangel (sowohl untereinander als auch von der Führung)
- ungenügende Klärung von Beziehungen und Rollen (Mitarbeiterinnen und Mitarbeiter wissen nicht genau, wofür sie stehen)
- unklare oder kontroverse und nicht von allen akzeptierte Ziele – meistens dann, wenn Ziele nicht individuell heruntergebrochen werden
- Orientierungslosigkeit bezüglich der Arbeitsorganisation (Wer ist für was verantwortlich?) – nicht erledigte Teilaufgaben verärgern das komplette Team
- »verordnete« anstatt gemeinsam vereinbarte Abläufe (ein gravierender Konfliktherd in prozessorientierten Unternehmen) – spe-

ziell beim Onboarding werden so neue Mitarbeiterinnen und Mitarbeiter oft im Regen stehen gelassen

All diese Punkte sind voneinander abhängig und gefährden die Zielerreichung. Ist das Ziel beispielsweise zu schnell und ohne Rücksicht auf den Vertrauens- und Informationsstand vereinbart, ist es meist nicht realisierbar.

Es braucht also eine ausgeprägte Konsequenz in der Führung, um den Erfolg anzustreben und den Misserfolg abzuwenden. Wie stellen Sie das an? Halten Sie die vielen unterschiedlichen Ebenen in dynamischer Balance (erinnern Sie sich an unser Bild vom Jongleur)! Nehmen Sie permanent und achtsam wahr, was in Ihrem Team passiert! Seien Sie sich dabei besonders der Dynamik bewusst: Ein ausgewogener Zustand wird stets nur vorübergehend erreicht und muss immer wieder aufs Neue angestrebt werden.

Bedürfnisse und Zustände verändern sich laufend. Einmal sind einzelne Teammitglieder von einer Aufgabe fasziniert und stolz auf das Ergebnis ihrer Arbeit – ein anderes Mal muss besonders viel Energie in die Beziehungen zu anderen in der Gruppe investiert werden.

Eines ist aber in jedem Fall klar: Wenn sich ein gemeinsames Thema bzw. eine Aufgabe erschöpft hat, hilft auch das beste Teamklima nicht mehr. Dann benötigt das Team ein neues Ziel, um neue Leidenschaft zu entwickeln und produktiv zu werden.

Achten Sie also immer darauf, Ihr Team in Bewegung zu halten – allerdings ohne es zu überfordern. So sorgen Sie für fortlaufende Dynamik, Agilität und Offenheit im Team.

Stellen Sie sich folgende Fragen:

- Wo steht mein Team gerade?
- Welche Phasen sind gerade aktuell?
- Was ist für mich zu tun, um das Team arbeitsfähig zu halten?

Die Magie der aktiven Klarheit – Führung ohne Kommunikation bleibt ungehört

Das österreichische Sprichwort »Durchs Reden kommen d' Leut' z'am« bringt das Thema Kommunikation auf den Punkt: Reden schafft ein Miteinander. Und auch Führung von Menschen braucht gute Kommunikation – gibt es etwas Offensichtlicheres? Man sollte denken, dass es rund um diese Binsenweisheit nicht mehr viel zu sagen gäbe. Und doch begegnen uns in der Praxis teils absurde Geschichten von Führungskräften, die von Kommunikation so wenig halten, dass sie glauben, gänzlich ohne sie auszukommen.

Aus diesem Grund wollen wir diesem Bereich ebenfalls ein Kapitel in diesem Buch widmen – obwohl es bereits sehr viel Literatur zu dem Thema gibt.

Schlechte Kommunikation in der Führung – wie kann das aussehen?

- Chefs, die während Meetings ihr Smartphone zücken
- Chefs, die herumbrüllen
- Chefs, die nicht zuhören und nur ihre Meinung verkaufen wollen

Wir lassen hier bewusst die weibliche Form von »Chef« weg, weil diese Beispiele für schlechte Kommunikation eher eine Männerdomäne zu sein scheinen. Vielleicht haben Sie da ja ähnliche Erfahrungen gemacht. Je »männlich geprägter« ein Bereich ist, zum Beispiel in technischen Abteilungen, desto weniger wird »wirklich« miteinander gesprochen. Natürlich wird geredet – sehr viel über Projekte, Positionen und Personen –, aber Kommunikation umfasst weit mehr als das.

Was ist gute Kommunikation?

In unserer digitalen Welt wird der Begriff »Kommunikation« für die verschiedensten Dinge missbraucht und verbogen. Oft ist er zu einem technischen Terminus verkommen, der auf Funktion ausgelegt ist – etwa, wenn zwei Software-Schnittstellen miteinander »kommunizieren«. Die Kommunikation, auf die es beim Führen ankommt, ist jedoch zutiefst menschlich und reicht weit über die reine Funktionalität hinaus.

Kommunikation bedeutet auf der einen Seite, einem Gegenüber wirklich zuzuhören, es wahrzunehmen und gleichzeitig so zu lassen, wie es ist – also in einen respektvollen Austausch zu treten. Gleichzeitig kann Kommunikation aber auch das genaue Gegenteil sein: Kampf, stures Recht-haben-Wollen und Machtgeplänkel.

Auch wenn Leader Letzteres klarerweise nicht praktizieren, müssen sie auch darauf vorbereitet sein und mit Menschen umgehen können, die anstatt eines Austauschs nur mit dem Kopf durch die Wand wollen – und das mit jedem erdenklichen Mittel.

Unabhängig von der Art und Weise, wie sie praktiziert wird, soll Kommunikation Klarheit schaffen und in Projekten Hilfestellung und Lösungsorientierung bieten. Kurzum: Kommunikation ist einer der wichtigsten »menschlichen« Erfolgsfaktoren für Leader.

Minimalfunktion

Gespannt und etwas nervös wartet die Belegschaft darauf, dass sich die Türen des Sitzungsraums öffneten. Er war endlich hier. Nach monatelangem Hörensagen ist letzte Woche offiziell verlautbart worden, dass der Sohn des Chefs das Ruder übernehmen würde. Die meisten haben zehn Jahre und länger unter dem alten Firmengründer gedient und schätzen ihn als offenen, ehrlichen und zugänglichen Menschen, dem das Wohl seiner Angestellten zumindest ebenso am Herzen liegt wie der Erfolg des Unternehmens. Und letztlich bedingt das eine ja das andere – denn jeder ist an einem sicheren, krisenfesten Arbeitsplatz interessiert.

Die Verabschiedung des alten Chefs war tränenreich, herzlich, aber auch von einer gewissen Unsicherheit begleitet, denn außer auf Fotografien hat man den Sohn des Firmengründers noch nie zu Gesicht bekommen. Er ist – so viel ist bekannt – auf die besten Schulen geschickt worden. Doch was heißt das heute schon? Fest steht nur eines: Er ist jünger als der Großteil der Belegschaft. Doch auch das hat im 21. Jahrhundert ja nicht mehr wirklich etwas zu bedeuten.

So schwankt im Sitzungssaal die Stimmung unter den Mitarbeiterinnen und Mitarbeitern zwischen vorsichtigem Optimismus und zweifelndem Abwarten. Als schließlich die Flügeltür aufschwingt, betritt ein schmächtiger Mann im Designeranzug den Saal, sieht kurz auf und sagt: »Alles wie bisher. Machen Sie Ihre Arbeit!« Dann macht er auf genagelten Absätzen kehrt, verlässt den Raum und auch das Gebäude.

Fassungslosigkeit. Erleichterung. Ratlosigkeit. Heiterkeit. Die Belegschaft stößt sich gegenseitig die Ellenbogen in die Rippen und scherzt darüber, dass dies wohl der seltsamste Erstkontakt mit einem Vorgesetzten aller Zeiten gewesen sei.

Eine Woche später wiederholt sich das Ganze. Nach einer Einladung per E-Mail sitzen erneut alle zusammen. Der neue Geschäftsführer betritt den Saal, sieht kurz auf und sagt: »Alles wie bisher. Machen Sie Ihre Arbeit!« Und weg ist er.

Nachdem nun den Ersten klar ist, dass dies wohl der neue Führungsstil sein wird, gibt es erste Kommentare. Die einen finden es schrecklich, die anderen bewundern den Mut und das blinde Vertrauen, das hier offensichtlich in sie gesetzt wird.

Natürlich wissen alle, was sie zu tun haben – schließlich machen sie ihren Job schon lange genug. Deswegen ändert sich vorerst auch nichts im Alltag der Belegschaft. Die meisten sind sogar froh, dass sie in Ruhe gelassen werden und sie niemandem gegenüber Rechenschaft ablegen müssen.

Ein wenig seltsam ist es allerdings schon, so ganz ohne Feedback auszukommen. Anfangs klopft man sich gegenseitig auf die Schulter und ruft sich Aufmunterndes zu, aber da man nicht einmal die tatsächlichen Ergebnisse kennt, die man selbst produziert, wird das recht schnell zu einer Farce.

Dennoch bleibt das Unternehmen anfangs erfolgreich. Das ändert sich allerdings schnell, wenn sich die äußeren Umstände ändern. Eine Erschütterung des Marktes erfordert Kurskorrekturen, die nun nicht kommen. Als auch E-Mails an den Junior-Chef unbeantwortet bleiben, versuchen sich einzelne ältere Firmenangehörige als selbst ernannte Führungskräfte, doch da es mehrere sind, kann man sich nicht darauf einigen, auf wen jetzt wirklich zu hören sei.

In der darauffolgenden Woche öffnet sich auch keine Sitzungssaaltür mehr. Der Geschäftsführer kommt nicht und sorgt für offene Münder bei der Belegschaft, in der langsam Panik aufkommt. Zwar hat niemand konkrete Zahlen parat, doch an den Bestellungen lässt sich ablesen, dass die Zeichen auf Sturm stehen.

Die ersten Mitarbeiterinnen und Mitarbeiter verlassen daraufhin das Unternehmen – enttäuscht von der Entwicklung und der unerklärlichen Nichtexistenz der neuen Firmenspitze.

Endlich fasst jemand den Mut und tritt mit dem Seniorchef in Kontakt, der binnen Tagen fassungslos von seiner Weltreise zurückkehrt, die er sich als Einstandsgeschenk für seinen Ruhestand gegönnt hat. Als sich auch sein Sohn endlich wieder im Unternehmen blicken lässt, gibt es Schreiduelle im Chefbüro und letztlich eine Mitarbeiterversammlung, bei der der Firmengründer vom leichten Autismus und den sozialen Defiziten seines Sohnes berichtet, die angesichts der neuen Aufgabe und der Last der Verantwortung offensichtlich ausgeufert sind.

»Wie es aussieht, gibt es hier ein gravierendes Problem in der Kommunikation«, meint der Firmengründer.

»Problem ist gut«, bemerkt ein mutiger Angestellter. »Die Abwesenheit war ein Super-GAU.«

»Ich meinte nicht das Verhalten meines Sohnes«, sagt der Firmengründer, »sondern mein eigenes. Ich hatte Werte, Verantwortung und Leidenschaft vorausgesetzt, aber nie konkret angesprochen und auch nie ein Bekenntnis dazu eingefordert. Jetzt ist mir endgültig klar, dass es im Geschäftsleben nichts gibt, was unausgesprochen bleiben sollte.«

Anmerkung: Falls Ihnen diese Geschichte total unrealistisch vorkommen sollte – sie hat sich in ähnlicher Form tatsächlich zugetragen. Das Unternehmen schrammte knapp am Untergang vorbei … Zugegeben, diese Geschichte ist ein Extremfall – auch wenn sie einen guten Eindruck davon gibt, was passiert, wenn man komplett auf Kommunikation in der Führung verzichtet.

Wenden wir uns nun aber lieber wieder den positiven Beispielen zu: Worauf kommt es bei guter Kommunikation im Detail an? Wie schafft man es, dass man nicht nur gut zuhört, sondern dass auch beim Gegenüber mehr ankommt, ohne dass dieses in einem Gespräch irgendwann auf Durchzug schaltet? Versuchen Sie, die im Folgenden beschriebenen Schlüsselfaktoren zu beherzigen. Sie werden sehen: Kommunikation ist keine Einbahnstraße und deshalb manchmal auch ein hochkomplexes Terrain. Falls Ihnen das eine oder andere bekannt vorkommt, ist das durchaus beabsichtigt. Kommunikation ist bei gutem Führen so wichtig, dass es alles durchdringt – auch Themen, die in den vorigen Kapiteln dieses Buches bereits behandelt bzw. angerissen wurden. Aber manche Dinge sind es wert, dass man sie mehrmals erwähnt.

Schlüsselfaktor 1: Zeit nehmen und ausreichende Vorbereitung

Räumen Sie für wichtige Gespräche und besonders für Krisengespräche stets genügend Zeit ein. Das schließt auch die Vorbereitung mit ein. Seien Sie in einem Meeting nicht einfach nur physisch anwesend und versuchen Sie nicht einfach nur, den Termin zu »überleben« – denken Sie vorher darüber nach, was Sie in dieser Sitzung tatsächlich erreichen wollen. Was ist Ihnen wichtig, mit den anwesenden Mitarbeiterinnen und Mitarbeitern zu klären?

Wählen Sie einen Raum, in dem Sie diese Gespräche bewusst, ungestört und wertschätzend führen können. Vermeiden Sie das typische »Zwischen Tür und Angel«. Aber: Bewusste Kommunikation muss nicht ewig dauern. Auch wenn man sich nur 15 Minuten fokussiert gegenübersitzt, kann man eine Menge klären.

Schlüsselfaktor 2: Respekt zeigen und positiv agieren

Begegnen Sie Ihrem Gegenüber mit Empathie und nehmen Sie es ernst. Nichts ist in diesem Moment wichtiger als Ihre Haltung. Erinnern Sie sich an die Spiegelneuronen, die wir beim Thema Empathie erwähnt haben: Diese verraten dem Gegenüber ziemlich treffsicher, ob Sie ihm positiv gestimmt sind oder nicht.

Auch wenn Ihnen die Person nicht sympathisch sein sollte: Versuchen Sie, zumindest eine neutrale Haltung einzunehmen. Dazu müssen Sie die Person nicht mögen, aber offen und flexibel zu reagieren, hilft ungemein dabei, ein konstruktives Gespräch zu führen. Hier ein kleiner Tipp: Rufen Sie sich bei Personen, die Sie nicht mögen, vor dem Gespräch etwas in Erinnerung, das Sie am Charakter des bzw. der Betroffenen aufrichtig schätzen. Das hilft Ihnen, ungekünstelt und glaubwürdig in eine positive Stimmung zu kommen. Dieses Etwas können Sie dann auch offen und direkt ansprechen – zum Beispiel so: »Ich bin bei vielen Dingen nicht immer einer Meinung mit dir, das wirst du wahrscheinlich auch schon oft gespürt haben. Ich schätze aber deine direkte Art und auch die Gespräche mit dir sehr, weil ich dabei automatisch aus meiner Komfortzone komme.«

Sie merken: Es ist nicht notwendig, den anderen zu lieben oder anzulügen. Respektieren Sie Ihr Gegenüber, wie es ist, und nehmen Sie den anderen ernst. Gelingt Ihnen das, haben Sie schon eines der größten Hindernisse bei der Kommunikation überwunden. Mangelnder Respekt, falsche Schmeichelei oder offen gezeigte Geringschätzung führt früher oder später zu großen Konflikten und/oder Missverständnissen. Wahre Leader zeigen Haltung, sprechen Dinge offen und klar an und sind dabei immer glaubwürdig und respektvoll.

Schlüsselfaktor 3: In der Ich-Form sprechen

Haben Sie folgende Aussage schon einmal gehört: »Lieber Kollege, ich finde deine Bedenken wirklich sehr gut, aber wir sind der Meinung, dass …«? Was damit eigentlich ausgedrückt wird, ist: »Lieber Kollege, ich kann mich deinen Bedenken nicht anschließen. Meine Meinung dazu ist …«. Jedes Mal, wenn das Wort »aber« eingesetzt wird, wird die davor getroffene Aussage nicht nur entkräftet, sondern komplett vom Tisch gewischt. Es ist völlig in Ordnung, wenn Sie anderer Meinung sind. Dann sagen Sie das aber auch ohne Umschweife. Setzen Sie auf die Klarheit der Sprache.

Neben »aber« ist auch das Wort »immer« eine aus Leader-Sicht tückische Stolperfalle. »Sie kommen immer zu spät.« – »Sie machen immer Fehler.« – »Sie sind immer so direkt.« Besser wären folgende Varianten: »Aus meiner Beobachtung heraus erlebe ich Sie häufig zu spät in Meetings kommend.« – »Aus meiner Sicht gibt es in Ihren Projekten häufig Aspekte, die nicht ganz passen.« – »Ich erlebe Sie als sehr direkt.« Merken Sie den Unterschied? Immer bedeutet immer – meint aber in den meisten Fällen »häufig« oder »vereinzelt«. Dieser Vorwurf ist nicht nur unrichtig, er wird das Gegenüber auch persönlich verletzen, weil er den Charakter der Person kritisiert, anstatt ein bestimmtes Verhalten. Im Unterbewusstsein lösen derartige Worte viel Widerstand aus, weil sie implizieren, dass die Empfängerin oder der Empfänger »nicht »in Ordnung ist«.

Wie Sie an obigen Beispielen erkennen können, ist auch das Formulieren in der Ich-Form immens wichtig. Schließlich geht es um Ihre Wahrnehmung, Ihre Beobachtung, Ihre Sichtweise. Sprechen Sie mit »wir« und »alle«, verlieren Sie Ihre Mitarbeiterinnen und Mitarbeiter – sowohl im Dialog, als auch in puncto Loyalität und Authentizität. Denn jede bzw. jeder wird sich (im Geiste oder ausgesprochen) diese Fragen stellen: »Wer erlebt denn das noch so?«, »Wer ist wir?«, »Wer sind alle?« Und: »Warum versteckt sich mein Boss hinter diesen Formulierungen, wenn es doch ganz klar um seine Wahrnehmung geht?«

Fazit: Wenn Sie von »Wir« sprechen, sollten Sie das auch so meinen. Ansonsten laufen Sie Gefahr, für unglaubwürdig oder – noch schlimmer – für feige gehalten zu werden. Unterschätzen Sie auch nicht die

Bereitschaft Ihrer Mitarbeiterinnen und Mitarbeiter, unangenehme Botschaften aufzunehmen. Hier gilt: Je klarer, ehrlicher und korrekter formuliert, desto aufrichtiger kommt die Botschaft an.

Schlüsselfaktor 4: Aktiv zuhören

Um als Leader auch etwas Gehaltvolles sagen zu können, sollten Sie davor auch gut zuhören können. Neben der bereits erwähnten Wahrnehmung – was spüre, fühle und beobachte ich bei meinem Gegenüber – ist aktives Zuhören eines der wichtigsten Führungstools. Um sich aktives Zuhören anzueignen, empfehlen wir folgende kleine Führungsübung:

Nehmen Sie bei Ihrem nächsten Gespräch – egal ob beruflich oder privat (auch Ihre Partnerin oder Ihr Partner wird dankbar darüber sein) – Platz und hören Sie einfach nur zu.

Vielleicht denken Sie sich jetzt: »Das mache ich immer. Was soll daran schwer sein?«

Nun, Zuhören allein ist nur der eine Teil. Doch hier geht es um »aktives Zuhören«. Merken Sie sich also auch alles, was Ihr Gegenüber sagt. Die Betonung liegt auf »alles«! Vielleicht müssen Sie sich dazu sogar Notizen machen, wenn es um komplexere Themen geht.

Nach spätestens zwei Minuten werden Sie merken, dass das ziemlich anstrengend werden kann. Möglicherweise fällt es Ihnen schon nach dieser kurzen Zeitspanne schwer, voll bei der Sache zu bleiben und aufmerksam zuzuhören. Und wir sprechen hier von aufrichtigem, empathischem Zuhören, von purer, ungeteilter Aufmerksamkeit, die nichts und niemandem außer Ihrem Gegenüber gilt.

Genau darum geht es bei bewusster Kommunikation, dass Sie neben dem gesagten Wort auch alle anderen verfügbaren Informationen erkennen und »nutzen«.

Warum betonen wir dies hier so oft? Aktives Zuhören ist für die meisten Menschen im Alltag fast unmöglich geworden. Sie sind permanent abgelenkt – entweder durch ihr Smartphone, durch andere Menschen oder durch den eigenen Aufgabenbereich. Das Problem ist: In einer derartig chaotischen und willkürlichen Informationsflut können Ihre Führungsinstinkte nicht funktionieren.

Sich in einem Gespräch wirklich nur dem Gegenüber zu widmen und aktiv zuzuhören, schafft eine Qualität, die nicht nur dem aktuellen

Dialog dient, sondern auch Langzeitwirkung hat. Aktives Zuhören hilft dabei, Konflikte zu vermeiden, Vertrauen aufzubauen und die Bindung zu den eigenen Mitarbeiterinnen und Mitarbeiterin zu vertiefen.

Schlüsselfaktor 5: Fragen stellen

Das Wichtigste überhaupt in der Führung ist das Stellen der richtigen Fragen. Wer richtig fragt, signalisiert dem anderen, dass er sich auf ihn einlässt. Vielleicht kennen Sie die Phrase »Wer fragt, der führt«. Genau diese Eigenschaft wird hier beschrieben. Wer gut zuhört und gut fragt, kann andere präzise leiten und Herausforderung schnell und klar auf den Punkt bringen. Halten Sie sich idealerweise an offene Fragen:

- Was genau ist Ihr Thema?
- Wer ist noch beteiligt?
- Worin besteht der Konflikt?
- War das schon immer so? Wenn ja, warum?
- Wie würden Sie einem Kollegen oder einer Kollegin die Situation beschreiben?

Setzen Sie auch auf lösungsorientierte Fragen:

- Woran würden Sie merken, dass eine Lösung eingetreten ist?
- Welche Schritte hätten Sie in dieser Situation gesetzt?
- Wie würden Kolleginnen und Kollegen eine funktionierende Lösung wahrnehmen?
- Stellen Sie sich vor, Sie wachen morgens auf und das Problem ist gelöst. Wie würde sich das für Sie anfühlen?

Gute Fragen bringen Tiefe in eine Situation und lösen anspruchsvollere Denkvorgänge aus. All das soll auch dazu führen, dass Ihr Gegenüber über den Tellerrand schaut, mehr in Betracht zieht als nur seine unmittelbare Perspektive und womöglich die richtigen Fragen auch an andere weitergibt.

Vermeiden Sie geschlossene oder suggestive Fragen wie diese: »Haben Sie Ihre Arbeit erledigt?«, »Könnte es sein, dass Ihr Kollege das gleiche Problem hat?«, »Haben Sie das nicht gemacht, weil Sie schon vorher wussten, dass es schiefgehen wird?«. Mit derartigen Fragen nehmen Sie Ihrem Gegenüber jede Freiheit und legen Menschen Antworten auf vorgefasste Meinungen zu Personen, Situationen und Zusammenhängen in den Mund. Leider sind genau diese Fragen im Alltag eher die Regel – vor allem, wenn sie von Menschen gestellt werden, die im Grunde nur ihre bereits getroffenen Entscheidungen und Meinungen bestätigt bekommen wollen. Wenn Sie schon einmal in einen derartigen Dialog verwickelt waren, werden Sie sich vielleicht erinnern können, wie Sie sich dabei gefühlt haben: als Platzhalter für jemand, der Sie gar nicht sind bzw. der auch nicht wirklich als lebender, denkender Mensch angesprochen wird, sondern als Marionette, die nur den Motiven des anderen dient.

Eine richtige Fragestellung ist letztlich auch eine Frage des Respekts. Denn damit lässt man auch erkennen, dass man tatsächlich an der Meinung, Erfahrung, Sichtweise und Persönlichkeit des Gegenübers interessiert ist.

Schlüsselfaktor 6: Ziel eines Gespräches im Auge behalten und dranbleiben

Wichtig in der Zusammenarbeit und in der Führung ist auch, was man erreichen will – nicht in einem Jahr, sondern in der nächsten Woche! Gerade im Wandel geht es um kurzfristig erreichbare Veränderungen. Wenn man zu groß denkt, erscheinen Erfolge für Ihr Team vielleicht unerreichbar und werden vielleicht erst gar nicht aktiv angegangen.

Wichtig ist auch: Bleiben Sie an vereinbarten Zielen aktiv dran und fassen Sie nach, ob das Ergebnis erreicht worden ist. So stellen Sie die notwendige Konsequenz sicher.

Haken Sie nach, wenn einige Ihrer Fragen im Gespräch nicht beantwortet werden. Bleiben Sie bei dem, was Ihnen wichtig ist – vor allem, wenn das Gespräch plötzlich in eine andere Richtung gehen sollte. Gerade durch solche »Irrwege« und Inkonsequenz geht in der Kommunikation oft viel Zeit und auch Sinn verloren. Noch schwieriger wird es, wenn man noch dazu sein Zeitmanagement nicht im Griff hat. Wir alle kennen derartige Meetings, die bei allen Beteiligten ein Gefühl der Leere und Sinnlosigkeit hinterlassen. Darum: Beenden Sie jedes Gespräch möglichst mit konkreten Vereinbarungen und klar definierten Zielen! So bleiben Sie und Ihr Team in Bewegung und auf Kurs.

Schlüsselfaktor 8: Nicht herumeiern

Denken Sie immer darüber nach, ob das, was sie gerade gesagt haben, wirklich dem Ergebnis oder der Situation dienlich ist. Wir alle erleben täglich, wie viel in der Politik geredet wird, ohne dass dabei etwas gesagt wird. Ein wahrer Leader bringt die Dinge immer klar, deutlich und unmissverständlich mit Humor, Wertschätzung und Höflichkeit auf den Punkt. Dazu braucht es kompromisslosen, unmissverständlichen Klartext: Aus einem knappen »Wir sollten darüber reden, ob diese Maßnahme und diese Person wirklich zu uns passt« wird dann Folgendes: »Ich bin der Meinung, wir müssen diese Maßnahme dahingehend überprüfen, ob sie in unserem Team tatsächlich zu einem guten Ergebnis führen kann und ob die entsprechende Person fachlich und menschlich mit uns kompatibel ist.«

Nicht immer liegt in der Kürze die sprichwörtliche Würze. Für Leader liegen die Unverwechselbarkeit, der Biss und die entscheidende Note in der Klarheit – also in der möglichst präzisen Anweisung, was gemacht werden soll. Jedes verwendete »Könnte«, »Würde« und »Sollte« zeigt Ihnen sofort, dass Sie noch nicht bei der bestmöglichen Klarheit in Ihren Aussagen angelangt sind. Oder als Klartext formuliert: Eiern Sie nicht herum, sondern sagen Sie klar, was Sie meinen und was Sie brauchen!

Schlüsselfaktor 7: Sich selbst in eine konstruktive Stimmung bringen

Bei jedem Gespräch oder jeder Art von Kommunikation ist ein entscheidender Faktor, dass Sie selbst aus einer positiven oder zumindest neutralen Stimmung heraus agieren. Wenn Sie gerade aus einem Meeting kommen, in dem Sie sich ärgern mussten, werden Sie das unweigerlich mit in das nächste Gespräch nehmen. Seien Sie in solchen Situationen lieber ehrlich und bitten Sie die Person, mit der Sie den nächsten Termin haben, um fünf Minuten Pause, weil das letzte Meeting ein wenig emotional gewesen sei. Atmen Sie durch, gehen Sie auf die Toilette, trinken Sie ein Glas Wasser und nehmen Sie sich fünf Minuten (Aus-) Zeit. Diese Minuten sparen Sie anschließend locker wieder ein, weil Sie dann mit voller Aufmerksamkeit und neu geerdet bei der Sache sind.

Schlüsselfaktor 8: Zu dem stehen, was man sagt und tut

Gerade in Change-Prozessen und Zeiten des Umbruchs ist es noch wichtiger, zu dem zu stehen, was man als Führungskraft entscheidet und wie man handelt. Mit jener Qualität, mit der man dabei zu seinem Wort und zu seinen Fehlern steht, steht und fällt auch die eigene Glaubwürdigkeit.

Jeder Mensch macht Fehler – dazu zu stehen, erfordert allerdings Mut. Gerade in besonders angespannten Situationen oder während extrem dynamischer Entwicklungen passiert Ihnen und anderen mit hoher Wahrscheinlichkeit der eine oder andere Schnitzer. Dann bringt es nichts, Schuldzuweisungen zu machen und andere anzuschwärzen. Suchen Sie nach Lösungen, stehen Sie zu Veränderungen und zu sich als Führungskraft, dann wird es einfacher für alle, die Veränderung zu meistern.

Trainieren Sie Ihre Schlüsselfaktoren und verbessern Sie sich täglich!

Fragen Sie sich bezogen auf alle acht Schlüsselfaktoren:

- Was war leicht?
- Was war schwer?
- Was möchte ich in der nächsten Woche verbessern?
- Was möchte ich im nächsten Monat verbessern?

Rollenklarheit als Hilfsmittel -gleichzeitig Agilität und Ruhe kreieren

Manchmal fällt es Leadern schwer, jedem Teammitglied eine klare Rolle, Aufgabe oder auch Funktion zuzuweisen. Manchmal wird darauf auch zur Gänze verzichtet: In Zeiten der Agilität werfen manche Führungskräfte ihre Mitarbeiterinnen und Mitarbeiter bewusst ohne klare Zuordnung ins kalte Wasser – mit dem Ziel, neue Impulse und innovative Erkenntnisse zu gewinnen.

Unklare Rollen, Funktionen und Aufgaben bergen einerseits die größten Konfliktpotenziale, sind andererseits aber auch wirkungsvolle Pusher für ein Unternehmen – das Zweite allerdings nur, wenn die Nichtdefinition klar kommuniziert wird und frei gelebt werden darf.

Das derzeit so gerne und häufig bemühte Schlagwort »Agilität« hat nichts mit einer grundsätzlich distanzierten Haltung zu Funktion, Rolle oder Aufgabe zu tun. Im Gegenteil: Jemand kann nur dann effizient flexibel handeln, wenn die persönlichen Grenzen klar gesteckt wurden.

Lassen Sie uns – um dies klarer aufzuzeigen – einen Blick in ein Unternehmen werfen, das völlig ohne Funktionsbeschreibungen und Rollenklarheit agierte. Beides war bewusst von der Unternehmensspitze ausgeklammert worden. Die Mitarbeiterinnen und Mitarbeiter wussten zwar über ihre Aufgaben Bescheid – im Unternehmen war jedoch wenig Eigenverantwortung und Entscheidungskraft zu spüren. Als dies auch dem Geschäftsführer klar wurde, fiel dieser aus allen Wolken. Da das Unternehmen stetig wuchs, hatte er Angst um die Handlungsfähigkeit der einzelnen Abteilungen. Die Frage, ob Mitarbeiterinnen und Mitarbeiter überhaupt wissen würden, was sie entscheiden können und was nicht, beantwortete er mit einem klaren Ja. Befragungen im Unternehmen ergaben jedoch das genaue Gegenteil. Durch die Nichtkenntnis der individuellen Grenzen war das ganze Unternehmen gelähmt, starr und abhängig von den Entscheidungen der obersten Ebene.

Sie haben vielleicht schon bemerkt, dass es eigentlich nicht viel benötigt, um ein Leader zu sein. Die Klarheit, die uns in den vorigen Kapiteln bereits mehrfach begegnet ist, ist auch hier von essenzieller Wichtigkeit: Wenn gewisse Grundlagen nicht definiert werden, bricht Chaos aus. Dazu zählen neben der Kommunikation, den Zielen und dem Vertrauen auch die Punkte Rolle, Funktion und Aufgabe.

Diese individuellen Definitionen müssen – auch hier eine Rückkehr zu einem wichtigen Schlagwort aus den vorigen Kapiteln – glaubwürdig sein. Das bedeutet: Der eingeräumte Spielraum und die Bewegungsfreiheit jedes Einzelnen hinsichtlich Entscheidungen müssen ins Gesamtbild passen – sprich: dem Unternehmenserfolg dienen. Mitarbeiterinnen und Mitarbeiter sollen sich also stets folgende Frage stellen: »Bringt es dem Unternehmen einen Mehrwert, ist es rechtens und dient es dem Was, das die Organisation erreichen will, wenn ich die Grenzen meiner definierten Rolle, Funktion und Aufgabe überschreite?« Wenn ja, dann sollte es getan werden. Dies ist dann die wahre, sinnvolle und bereichernde Agilität in einem Unternehmen.

Um derart verantwortungsbewusst Grenzen überschreiten zu können, braucht es jedoch zuvor klar definierte Grenzen. Sinnvolle Agilität benötigt mehrere Voraussetzungen:

- Mehrwert für die Organisation
- Einbindung und Information aller notwendigen Schlüsselpersonen
- Klärung der Frage, ob derartige Grenzüberschreitungen und »Ausnahmen« generell einen Mehrwert für die Organisation liefern, wenn sie von der Ausnahme zur Regel werden
- kurze Reflexion dieser Ausnahmen im Team, um daraus zu lernen und möglicherweise Rollen, Funktionen und Aufgaben anzupassen oder sogar Prozesse zu verändern

Das Schöne an dieser Vorgehensweise: Sie schließt jegliche Form von Starrheit automatisch aus.

All das, was wir hier aus beruflicher Sicht beleuchten, ist im Grunde nichts Außergewöhnliches. Menschen benötigen Rahmenbedingungen, um Grenzen auszutesten und sich an anderen zu reiben. Das beginnt bereits im Kindesalter. Heranwachsende, die nicht von »strenger Hand« durch die ersten Lebensjahre geführt werden, werden oft als »freiere Menschen« wahrgenommen, die es allerdings oft nicht bzw. nur mit Mühe schaffen, Grenzen zu akzeptieren. Die Folge: Sie finden sich dann inmitten von seelischem, finanziellem oder sozialem Chaos wieder. Kinder, die eine »normale« Erziehung genießen, werden dazu ermutigt, gewisse Rahmenbedingungen einzuhalten. Sie erhalten klare Aufgabe in der Familie, wobei ihre Rolle als Kind gewahrt wird (keine Übernahme von nicht kindgerechten Aufgaben, keine Ersatzmutter oder kein Ersatzvater für jüngere Geschwister). So weiß das Kind genau, welche Funktion es übernehmen muss, und wird doch durch selbst getroffene Entscheidungen erwachsen, weil es sich im von den Eltern gesteckten Rahmen frei bewegen kann. Ist dieser Rahmen zu klein, kann er von den Eltern noch immer erweitert werden bzw. – noch besser – von den Eltern und dem Kind gemeinsam erweitert werden. Umgekehrt werden sich Kinder, die eine extrem strikte und rigide Erziehung – also viel Kontrolle, viel Aufsicht und wenig Vertrauen – genießen, nicht frei entfalten können. Der Rahmen wird zum Käfig, aus dem sie früher oder später ausbrechen. Und sie werden entweder als »Problemkinder« oder eingeschüchterte, entscheidungsunfähige Außenseiter enden.

Genau diese Zusammenhänge und Gesetzmäßigkeiten ereignen sich auch in Gruppen, Teams und Abteilungen. Die folgenden Szenarien zeigen, was passieren kann.

Szenario 1: »Machen Sie mal!«

Eine neue Mitarbeiterin bekommt nach ihrem Eintritt keine klare Rolle, Funktion oder Aufgabe zugewiesen, weil das Unternehmen im Umbruch ist. Es gibt auch keine Kommunikation darüber, was die Person genau zu tun hat. Sie soll dazu beitragen – so der »Auftrag« – die Organisation vom Kontrollunternehmen zu einer agilen Struktur zu führen.

Die Mitarbeiterin legt sich ins Zeug und rührt kräftig in Teams und bestehenden Strukturen um. Sie bringt Chaos und Unruhe ins Unternehmen und greift alles an, was vielleicht verbessert werden könnte. Vor lauter Eifer und Betriebsamkeit bringt sie jedoch kaum ein Vorhaben wirklich zu Ende.

Die Folge: Es entsteht noch mehr Unruhe – auch unter ein paar alteingesessenen Führungskräften, die sich plötzlich von der Mitarbeiterin bedroht fühlen: »Diese Dame bekommt plötzlich alle Freiheiten, und wir mussten jahrelang bei allem nachfragen und durften nicht frei agieren! Frechheit!«.

Szenario 2: »Verändern Sie Ihren Bereich!«

Für die neue Mitarbeiterin gibt es starre Vorgaben: Sie soll in Ihrem Bereich neue Dinge vorantreiben und Flexibilität und Innovation ins Unternehmen bringen. Die Aufgabe ist scheinbar sehr klar definiert. Bei näherer Betrachtung ist sie aber völlig vage, da keine Parameter festgelegt wurden. Was bedeutet Flexibilität und Innovation eigentlich, wenn kein Ist-Zustand und kein Soll-Zustand definiert sind? Und wie soll in einem einzelnen Bereich etwas möglich werden, was im Rest der Organisation noch nicht einmal angedacht ist?

Die Folge: So leidenschaftlich die Mitarbeiterinnen und Mitarbeiter des Bereichs auch ans Werk gehen – sie stehen im Rest des Unternehmens ständig unter Beobachtung, genießen außerhalb der eigenen Abteilung keinerlei Vertrauen und ecken überall im Unternehmen an.

Das Unverständnis anderer, dass dieser Bereich plötzlich alles zu dürfen scheint, sorgt für unüberwindbare Grenzen und unübersehbare Differenzen – ein frustrierendes Erlebnis für die Mitarbeiterinnen und Mitarbeiter des Bereichs. Die Chance ist groß, dass fähige, talentierte High Potentials früher oder später das Handtuch werfen und sich ein anderes Unternehmen suchen, in dem sie nicht ständig gegen den Strom schwimmen müssen.

Und nun folgt, wie es optimalerweise laufen sollte.

Szenario 3: Klare Ansage

- Die neue Mitarbeiterin kommt mit einer klaren Rolle, Funktion und Aufgabe ins Unternehmen. Das ist auch im Sinne der Organisation, die – wie wir nun wissen – exakte Grenzen setzen muss, um insgesamt agiler zu werden.
- Es wird intern kommuniziert, dass diese Person neuen Wind zum Thema XY ins Unternehmen bringen soll.
- Die Rolle dieser Person ist so ausgelegt, dass sie bei diesem Thema auch über Grenzen gehen darf, um zu erkennen, wo für das Unternehmen konkreter Entwicklungsbedarf herrscht.
- Die Mitarbeiterin erhält die Anweisung, in der Zusammenarbeit mit den neuen Kolleginnen und Kollegen besonders auf ihre Rolle zu achten und zu berichten, wo es Entwicklungspotenzial gibt. Damit wird ein klarer Rahmen gesteckt – inklusive der Freiheit, diesen Rahmen auszudehnen, um Entwicklung zu ermöglichen.

Begriffsklärung: Funktion – Aufgabe – Rolle – Position

Lassen Sie uns noch kurz ansehen, was sich hinter den Schlüsselbegriffen dieses Kapitels eigentlich verbirgt. Wahrscheinlich haben Sie von all diesen Wörtern ein Bild im Kopf, aber versuchen wir, möglichst exakt und unmissverständlich auszudrücken, wovon wir die ganze Zeit reden.

- **Die Funktion:** Eine Funktion bezeichnet ein abgegrenztes Aufgabengebiet und einen klar definierten Verantwortungsbereich in einem Unternehmen, ohne die das Unternehmen seinen Betriebszweck und seine Unternehmensziele nicht erfüllen kann.
  - Welche Entscheidungen darf ich treffen?
  - In welchen Rahmen darf ich sie treffen?
  - Welche operativen, funktionellen und strategischen Aufgaben muss ich erfüllen?
- **Die Aufgabe:** Dies ist die operative Vollzeittätigkeit, um den Betrieb aufrechtzuhalten, die in der Funktionsbeschreibung definiert und ausgearbeitet wird. In anderen Worten: die Arbeit, die tag-

täglich verrichtet werden muss. Auch diese muss verschriftlicht werden.
- **Die Rolle:** Summe der Erwartungen anderer Personen, die an jemanden gestellt werden. Jede Position bzw. Funktion in einem Unternehmen ist meist mit mehreren Rollen verbunden. Wenn eine Mitarbeiterin oder ein Mitarbeiter drei Projekte gleichzeitig führt, hat sie bzw. er in jedem Projekt unterschiedliche Rollen. Ist sie bzw. er gleichzeitig Schnittstelle zwischen den Projekten, ist das eine weitere Rolle.
- **Die Position:** Kurzbezeichnung des Funktionsinhaltes.

Gemeinsam sind Sie stark!

Übrigens: Sämtliche Aspekte, die in diesem Kapitel erwähnt wurden, sollten Sie gemeinsam mit Ihren Mitarbeiterinnen und Mitarbeitern ausarbeiten und regelmäßig (jährlich oder monatlich) gemeinsam überprüfen. Ob Sie das verschriftlichen oder nicht, liegt bei Ihnen. Wenn Sie es tun, wird es eine zusätzliche Orientierung für Ihre Mitarbeiterinnen und Mitarbeiter sein.

Eine regelmäßige Abstimmung und ein regelmäßiges Abgleichen mit der Wirklichkeit erzeugt mehr Power, Selbstbestimmung und Beweglichkeit – sowohl in der Führungsebene als auch bei den Mitarbeiterinnen und Mitarbeitern.

Ihre Teammitglieder wissen am besten, was das Tagesgeschäft von ihnen verlangt. Wenn Sie das übergehen und glauben, es besser zu wissen, stoppen Sie die Agilität und die Entwicklung der Organisation. Jene Personen, die die Arbeit tagtäglich verrichten – nicht die Leader – sind die fachlichen Expertinnen und Experten. Leader sollten sogar gar nicht so viel Expertise haben. Doch dazu kommen wir später.

Gute Aussichten

Normalerweise freut sich Sigismund nicht so rasend auf die alljährliche Weihnachtsfeier der Abteilung – vor allem, seit die Stimmung im Unternehmen so schlecht ist. Es herrscht eine gewisse Trostlosigkeit angesichts einer wirtschaftlichen Flaute und einer damit einhergehenden kreativen Stagnation unter den Kolleginnen und Kollegen.

Sein Vorgesetzter ist ein guter Mensch und eine fähige Führungskraft, aber nicht unbedingt ein Meister der Motivation, sondern eher ein Verwalter von Gegebenheiten.

Das ist auch der Grund, weshalb Sigismund diesmal darum gebeten hat, dass er die Weihnachtsfeier ausrichten darf. Er will kurz vor dem Jahreswechsel für ein wenig Aufbruchsstimmung sorgen und hat schon Wochen vor dem tatsächlichen Termin angekündigt, dass die Kollegenschaft etwas Besonderes erwarten kann. Entsprechend gespannt strömt das Team in die Location der Weihnachtsfeier und stellt erstaunt fest, dass in einer Ecke des festlich dekorierten Restaurants ein kleines Zelt im Retro-Look aufgebaut ist, wie man es von Jahrmärkten kennt.

»Du hast eine Wahrsagerin engagiert?«, staunen die Kolleginnen und Kollegen.

»Genauer gesagt, einen Wahrsager«, entgegnet Sigismund. »Und ja, warum nicht?«

Im Laufe des Abends werden die Teammitglieder einzeln in das Zelt gebeten und verbringen dort rund eine Viertelstunde. Insgesamt ist es ein gelungener, aber ansonsten recht gewöhnlicher Abend mit gutem Essen und relativ guter Stimmung.

Die gute Stimmung setzt sich nach den Feiertagen fort. Obwohl sich an den wirtschaftlichen Rahmenbedingungen und am relativ lethargischen Führungsstil ihres Vorgesetzten wenig geändert hat, ist so etwas wie ein Ruck durch die Abteilung gegangen, der eine Aufwärtsspirale in Gang gesetzt hat.

Kolleginnen und Kollegen sprechen wieder Gedanken und Ideen offen aus, zeigen Initiative und geben sich so gegenseitig Impulse und frischen Wind. Inmitten dieser neuen Stimmung setzt auch ein recht zufrieden wirkender Sigismund seine Akzente und trägt das Seine zur allgemeinen Stimmung bei.

Als sich nach ein paar Monaten auch die Wirtschaftslage stabilisiert hat, ist das Unternehmen wieder dick im Geschäft und die Sorgen der Vergangenheit scheinen fast vergessen. Nur Reinhardt aus der Kundenbetreuung hat diese seltsame Weihnachtsfeier, bei der sich irgendwie alles zum Guten gewendet hat, noch irgendwie im Hinterkopf – obwohl er selbst an diesem Tag gar nicht dabei war.

»Verrätst du mir, was da abgegangen ist?«, fragt er Sigismund.

Dieser schmunzelt und erzählt von dem Zelt und dem Wahrsager, der in Wirklichkeit ein befreundeter Schauspieler war.

»Ein Schauspieler?«, fragt Reinhardt erstaunt.

Sigismund antwortet: »Ich brauchte jemandem mit genügend Überzeugungskraft.«

Reinhardt: »Wofür?«

Sigismund: »Ich hatte ihm den Auftrag gegeben, jeder Kollegin und jedem Kollegen im Rahmen ihrer kleinen Sitzung dasselbe zu erzählen. Und zwar, dass sich das Blatt bald wenden würde und die Abteilung dank der Ideen und der Leidenschaft des betreffenden Kollegen bald wieder Oberwasser haben würde.«

Reinhardt: »Das hat er also jeder Kollegin und jedem Kollegen wahrgesagt?!«

Sigismund: »Genau.«

Reinhardt: »Aber wieso?«

Sigismund: »Nun, irgendjemand musste ihnen das Vertrauen in die eigenen Fähigkeiten wiedergeben. Irgendjemand, der in der richtigen Rolle dafür war und nicht den Eindruck erweckte, aus Zweckoptimismus Durchhalteparolen von sich zu geben. Unser Vorgesetzter war zu diesem Zeitpunkt leider nicht glaubwürdig und auch nicht in der Lage, dem Team diesen Ruck zu geben – also musste ich jemand anderen finden, der das schafft.«

»Erstaunlich«, sagte Reinhardt. »Dann war das Wahrsagen ja wortwörtlich zu verstehen.«

»Und gleichzeitig hatte es etwas Prophetisches«, lächelt Sigismund.

»Du wärst eine gute Führungskraft ... oder ein guter Wahrsager!« schmunzelt Reinhardt.

»Vielleicht sind diese beiden Rollen gar nicht so weit voneinander entfernt«, antwortet Sigismund.

Definieren Sie mit jeder Mitarbeiterin und jedem Mitarbeiter ihre bzw. seine Funktion, Aufgabe und Rolle!

Achten Sie besonders darauf, dass sich gleiche Funktionen möglichst nicht überschneiden. Das hilft bei der Aufrechterhaltung des Teamgefühls. Notieren Sie für jede Mitarbeiterin und jeden Mitarbeiter, welche Funktionen, Aufgaben, Rollen und Schnittstellen sie bzw. er hat.

Visualisieren Sie ein Bild von Ihrem Team und besprechen Sie es in der Gruppe!

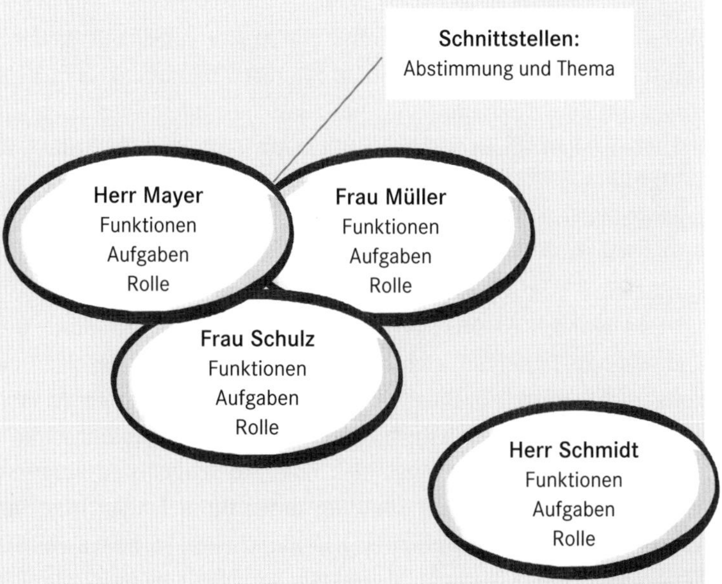

Reibungswärme hält wach – über gesunde Spannung in Teams

Wenn Sie sich die Führungskräfte vor Augen rufen, mit denen Sie selbst schon zu tun hatten, werden Sie rasch merken, dass nicht alle davon mit dem Charisma eines Indiana Jones aufgetreten sind. Nicht bei allen fallen Ihnen wahrscheinlich Attribute wie »furchtlos« oder »tollkühn« ein – und das muss es auch nicht! Gute Leader müssen nach außen hin keine Helden oder Abenteurer mimen. Sie müssen – wie wir schon wissen – vor allem glaubwürdig, authentisch und handlungsstark sein.

Und dennoch erfordert gute Führung klarerweise auch Mut – unter anderem die Tapferkeit, sich Konflikten unmittelbar (oder zumindest zeitgerecht) zu stellen. Diese Qualität wird nicht nur von Ihnen erwartet, mit ihr steht und fällt auch Ihr Image als Leader. Anführer, die vor einer drohenden Gefahr weglaufen oder sie schlichtweg ignorieren, hatten noch nie ein gutes Standing unter ihren Leuten bzw. ihren Vorgesetzten. Und tatsächlich ist konfliktscheues Verhalten (nicht zu verwechseln mit bedachtem, überlegtem Vorgehen) ein weitverbreitetes Problem unter Führungskräften.

Falls Sie zu jenen Menschen gehören, die Wahrheiten, Ängsten und Unvermeidlichkeiten am besten sofort gegenübertreten, werden Sie dieses Kapitel ruhigen Gewissens überspringen können.

Für alle anderen wollen wir gleich zu Beginn mit der wichtigsten Wahrheit herausrücken: Ohne Konflikte geht es nicht! Wo auch immer

Menschen zusammen aktiv sind, gibt es selbst in der harmonischsten Gemeinschaft irgendwann Meinungsverschiedenheiten, die dann auch aufgegriffen, ausgetragen und ausgeräumt werden müssen, damit sie nicht zu einem noch größeren Problem werden.

Es macht also keinen Sinn, darauf zu hoffen, dass sich alle bei allem für immer harmonisch unterstützen werden. Und: Es ist kein Zeichen einer guten Führung, wenn alles ständig in Harmonie schwelgt. Ohne Diskussionen, Argumente, Gegenargumente und Kompromisse entsteht kein dynamisches Umfeld, in dem sich Menschen finden, bewähren und behaupten können.

Oder um es noch einmal ganz klar auf den Punkt zu bringen: Konflikte sind nichts Schlechtes – solange sie sich nicht unbehandelt zu handfesten Krisen auswachsen.

Konflikte als logische Konsequenz

Betrachtet man Teams genauer, erscheint es eigentlich vollkommen schlüssig, dass es hin und wieder zu Konflikten kommt. Grundsätzlich müssen Sie davon ausgehen, dass Sie unterschiedliche Menschen im Team haben. Das bedeutet, dass völlig verschiedene Vergangenheiten, Erfahrungen, Erwartungshaltungen und Vorstellungen aufeinandertreffen – die Paradezutaten für Konflikte aller Art.

Auch wenn Konflikte nicht immer zu vermeiden sind, ist es natürlich ratsam, sie möglichst früh wahrzunehmen und so rasch wie möglich aufzugreifen. Dazu empfiehlt sich ein genauerer Blick auf die Anfangsstadien von Missverständnissen.

Etwas Grundlegendes vorweg: Wir alle sind nicht nur ständig am Senden und Empfangen – Menschen interpretieren auch fortwährend, wobei jeder, wie wir schon wissen, seinen eigenen Rucksack als Grundlage für diese Analysen benutzt. Anders ausgedrückt: Sie nehmen an anderen Menschen eine gewisse Verhaltensweise wahr, hören Gesagtes, bilden sich zu all dem Ihre Meinung und ziehen Ihre Schlüsse über die Motive und Absichten des anderen. Diese Interpretation kann dann zu Missverständnissen führen. Was sich so simpel anhört, kann durchaus komplexe Formen annehmen – selbst bei vermeintlichen Kleinigkeiten.

Stellen Sie sich vor, einer Ihrer Mitarbeiter kommt seit zwei Wochen jeden Tag zu spät. Da Sie selbst auf Pünktlichkeit sehr viel Wert legen, ärgern Sie sich darüber, dass der Kollege es an keinem Tag früher als um 9 Uhr ins Büro schafft. Je länger das Zuspätkommen andauert, desto größer wird Ihr Ärger und desto wilder werden Ihre Interpretationen der Gründe für dieses offensichtliche Fehlverhalten: Ist das ein schamloses Ausnützen Ihrer Gutmütigkeit oder denkt er, dass es niemand auffällt, und macht sich eine gute Zeit? Ist das etwas Persönliches oder nur eine Phase?

Da der Mitarbeiter wirklich gute Arbeit leistet, lassen Sie die Unpünktlichkeit durchgehen – auch weil Sie sich fragen, ob es wirklich sinnvoll ist, sich über zehn Minuten Verspätung eines gut performenden Kollegen so viele Gedanken zu machen.

Und trotzdem ärgert es Sie insgeheim! Davon bekommt der Betroffene selbst natürlich nichts auf direktem Wege mit, spürt aber, dass irgendetwas zwischen ihnen steht. Auch der Mitarbeiter zieht seine Schlüsse. Da ihm das Zuspätkommen selbst aber keinen Kummer bereitet, sucht er andere Gründe. Vielleicht sind Sie mit seiner Arbeitsleistung unzufrieden? Warum sollte es sonst so schlechte Stimmung zwischen ihnen beiden geben?

Kurze Zwischenfrage: Merken Sie etwas? Jetzt sind es schon zwei Missverständnisse.

Nun folgt ein fatales Phänomen, das so viele Missverständnisse früher oder später begleitet: Die Situation ufert aus. Der Mitarbeiter registriert auf der einen Seite Tag für Tag Ihren Ärger und spürt andererseits plötzlich einen gewissen Druck, weil er ja der Meinung ist, dass Sie etwas auszusetzen haben. Plötzlich passieren dem an sich guten Performer ungewohnte Fehler. Die wiederum verschärfen Ihren Unmut: Zuerst dauernd zu spät kommen und dann auch noch Fehler machen! Alles, was recht ist! Irgendwann haben Sie genug und sprechen – erst jetzt am Ende der Eskalation – die schlechte Performance des Mitarbeiters an und haben dabei inzwischen vergessen, was der eigentliche Grund Ihres Ärgers war.

Ähnliche Beispiele kennen Sie wahrscheinlich zuhauf aus ihrem Berufs- und Privatleben. Wenn man selbst bis zum Hals in einer solchen Situation steckt, hat man selten die nötige Selbstreflexion und Abgeklärtheit, um eine Eskalation zu vermeiden – außer Sie machen sich bewussten Umgang mit individuellen Interpretationen zu eigen und nehmen sich zum Ziel, Dinge, die Ihnen auffallen, ohne Umschweife anzusprechen.

Eine solche Intervention beinhaltet zielgerichtete Kommunikation mit der Absicht, die Wahrnehmung im System zu verändern. Sie wollen verstehen, welche Ursachen ein bestimmtes Verhalten hat, um dadurch auch neue Denkweisen im Gegenüber anzuregen und danach möglicherweise ein anderes Ergebnis – im Idealfall eine Verhaltensveränderung – zu erzielen.

Wenn Sie verstehen lernen wollen, warum der Mitarbeiter zu spät kommt, machen Sie sich, nachdem Ihnen aufgefallen ist, dass sich das Zuspätkommen des Mitarbeiters häuft, Gedanken, was wohl die Gründe dafür sein könnten. Sie blicken hinter die ersten oberflächlichen Gedanken und bilden Hypothesen: Möglicherweise bringt der Kollege morgens seine Kinder in den Kindergarten oder in die Schule. Vielleicht hat seine Frau einen neuen Job und die Tagesroutinen sind anders. Möglicherweise wohnt die Familie an einer neuen Adresse und kennt die öffentlichen Anbindungen noch nicht so gut. Vielleicht betreut er jetzt auch seine pflegebedürftige Mutter oder seinen Vater und hat deshalb einen anderen Tagesablauf. Möglicherweise geht es ihm selbst nicht so gut oder er hat Beziehungsprobleme und kommt vor Sorgen morgens nicht aus dem Bett.

Es gibt viele Möglichkeiten, warum ein Mitarbeiter zu spät kommen kann, wenn man ihn in seiner Gesamtheit als Mensch mit Privatleben betrachtet und nicht nur seinen beruflichen Funktionsaspekt. Wenn man sich bewusst auf eine offene Hypothesenbildung einlässt, bleibt man nicht nur ruhiger und auf Distanz zur persönlichen Betroffenheit, sondern weiß irgendwann auch, welche richtigen Fragen es im Zuge der Intervention zu stellen gilt.

Es geht bei der Intervention nicht darum, eine Person zu kritisieren oder Probleme festzuklopfen, sondern darum, Funktionalitäten und Zusammenhänge zu erfassen, um dadurch eine Verbesserung der Situation für möglichst alle zu erreichen. Denn das ist ja letztlich auch ein Ziel, dem sich jeder Beteiligte, Betroffene und Involvierte vorbehaltlos anschließen können sollte.

Die Erweiterung der eigenen Wahrnehmung durch das Aufstellen von Hypothesen ist dabei paradoxerweise gleichzeitig eine Beschränkung des Risikos, etwas über- oder fehlzuinterpretieren. Die neuen Erkenntnisse schaffen also eine neutralere Ausgangsposition für die Intervention und schaffen dadurch Raum für zukunfts- und handlungsorientierte Lösungen, die auch Wirkungen erzielen.

Um auch das noch einmal klarzumachen: Konstruktive Interventionen sind keine Einweg-Ratschläge, sondern gemeinsam angestellte Betrachtungen einer Situation und deren Hintergründe, eine Einladung zur Mitgestaltung bzw. eine verbindliche Festlegung auf einen Handlungsablauf oder eine Vorgehensweise.

Lassen Sie uns noch einmal auf das Beispiel des unpünktlichen Mitarbeiters zurückkommen. Wie würde eine angemessene Intervention konkret aussehen? Der Mitarbeiter kommt eine Woche lang zu spät. Eine richtige Frage, die Sie als Führungskraft stellen können, ist »Wie geht es Ihnen privat – alles okay?«. Falls danach nichts von selbst kommt, können Sie unterstützend konkreter werden: »Mir ist aufgefallen, dass Sie in letzter Zeit ziemlich gestresst ins Büro kommen. Kann ich Sie vielleicht in irgendeiner Form unterstützen? Oder gibt es etwas, das wir besprechen sollten?«. Nicht alle Menschen reden gerne und offen über private Sachen. Wenn Sie aber wertschätzend, feinfühlig und respektvoll nachfragen, werden Sie Antwort erhalten.

Auch hier sind übrigens Klarheit und Glaubwürdigkeit von essenzieller Wichtigkeit. Sie können im Gespräch also auch gerne das Thema Pünktlichkeit erwähnen – allerdings in der Ich-Sprache. Erwähnen Sie ruhig, dass Ihnen Pünktlichkeit wichtig ist und dass Sie mit dem Zuspätkommen etwas überfordert sind. Erwähnen Sie aber auch, dass Sie mit der Performance sehr zufrieden sind und daher auch nicht kleinlich sein wollen. Auch so kommen keine unausgesprochenen Missverständnisse auf. Wenn Ihnen das Thema wichtig ist und Sie Ärger, Konflikte und schwierige Situationen vermeiden wollen, suchen Sie aktiv nach der Ursache.

Positive Interventionen

Ein weitergehender Ansatz ist die positive Intervention. Schaffen Sie im Gespräch ein positives Bild davon, was genau Ihre Erwartungen sind: »Mir ist es wichtig, dass alle meine Mitarbeiterinnen und Mitarbeiter pünktlich und entspannt bei der Arbeit erscheinen. Sie wirken zurzeit morgens etwas gestresst und sind diese Woche auch zu spät gekommen. Was wäre notwendig, damit wir mein Wunschbild erreichen? Welche Unterstützung brauchen Sie von mir oder dem Team?«

Auch ohne Worte lassen sich Erfolge erzielen. Wenn Mitarbeiterinnen und Mitarbeiter auf gestellte Fragen nicht eingehen oder sogar in Widerstand treten, können Sie auf Eskalation zur Deeskalation setzen. Sagen Sie: »Ich glaube, es ist besser wir beenden das Gespräch. Es sieht so aus, als ob es momentan keine Lösung für unsere Probleme gibt. Zumindest kommen wir nicht weiter und ich habe das Gefühl, dass ich Ihnen nicht helfen kann. Meine Tür steht Ihnen aber jederzeit offen, wenn Sie doch darüber sprechen möchten.«

Bitten wenden Sie diesen Weg aber nur an, wenn Sie auch gut damit umgehen können. Wenn Ihnen das persönlich liegt, können Sie auch gerne ein bisschen überzeichnen. Eine etwas übertriebene Körperhaltung und ein trotziger Tonfall, der die Nichts-geht-mehr-Situation bewusst hervorkehrt, führen in manchen Konstellationen manchmal zu Lösungen. »Ich nehme aus dem Gespräch mit, dass Ihr Vorschlag so aussieht, dass wir die Situation mit der Pünktlichkeit so belassen, wie sie ist. Sie kommen also jeden Tag zehn Minuten zu spät und wir reden nicht mehr darüber. Ist das die Lösung, die Sie wollen?«

Interventionen können so vielfältig sein. Wichtig ist, dass Sie dabei immer lösungsorientiert und dem Gegenüber positiv gestimmt bleiben. Nur so erzielen Sie auch die notwendige Wirkung.

Der zu spät kommende Mitarbeiter ist nur eines von zahllosen Beispielen für Konflikte, die Ihnen Tag für Tag unterkommen werden. Gerade aufgrund der Häufungen ist es so wichtig, dass Sie Ihre Erwartungen klar und neutral artikulieren, damit Ihr Gegenüber weiß, woran es ist, und keine Missverständnisse aufkommen, die aus einem relativ unbedeutenden Problem möglicherweise ein noch viel größeres machen.

Je mehr Diversität Sie im Unternehmen oder im Team haben, desto notwendiger ist es, hier achtsam zu sein und Dinge zu hinterfragen. Und: Als Leader fungieren Sie ja nebenbei auch noch als Vorbild für Ihr Team. Ihr Verhalten wird den Mitarbeiterinnen und Mitarbeitern also auch im Umgang untereinander zugutekommen.

Konflikte wird es immer geben

Selbst mit dem besten Führungsverhalten wird es in Ihrem Team immer Konflikte geben – auch ungelöste. Und das ist auch in Ordnung so. Wo gehobelt wird, da fallen Späne. Grundsätzlich ist es wichtig, dass Sie die in Ihrem Team entstehende Reibungswärme regelmäßig ausgleichen und es wie eine gut funktionierende Maschine in einem guten Flow halten.

Spaß macht das übrigens nicht immer. Gerade in Zeiten des Wandels und der Veränderung werden Sie immer wieder mit Situationen konfrontiert werden, in denen Ihnen das Aufrechterhalten oder Wiederherstellen des Flows nicht leichtfallen wird. Und dennoch: Nehmen Sie sich die Zeit dafür. Letztendlich bringen Ihnen bearbeitete Konflikte immer ein Plus an Performance im Vergleich zu unbehandelten Problemen.

Umgekehrt müssen Sie nun aber nicht täglich »Konfliktherd-Safaris« in der Abteilung starten und nach allem Ausschau halten, was vielleicht zu klären ist. Nicht alles, was aus dem normalen Arbeitsablauf emotional herausragt, ist auch tatsächlich ein Konflikt.

Ein kleiner Ausflug in die typischen Unterschiede zwischen den Geschlechtern: Männer, die miteinander etwas lauter oder deutlicher werden, haben selten tatsächlich ein Problem. Mit diesem verbalen Rangeln unterscheiden sie sich von Frauen. Diese verweilen meistens länger bei Meinungsverschiedenheiten und Auseinandersetzungen und können sich dies auch vergleichsweise lange und auf persönlicher Ebene nachtragen. Männer dagegen sagen sich die Meinung und geben sich vielleicht zehn Minuten später wieder die Hand und vergessen die Sache. Dementsprechend verwirrt können Männer auch sein, wenn sie in eine Meinungsverschiedenheit mit einer Frau verwickelt sind und diese nach einer Woche noch immer sehr kühl agiert – und deren Kolleginnen ebenso.

Der Auftrag – Teil V

Ein Hauch von Ratlosigkeit liegt über dem kleinen Ingenieursbüro. Viktor und Hermine sitzen mit hängenden Köpfen vor dem Prototyp des Leadership-Roboters.

Viktor: »Ich habe immer gesagt, dass wir diesen Job hätten outsourcen sollen.«

Hermine: »Jetzt wirf die Flinte doch nicht gleich ins Korn. Dieses kleine Detail werden wir auch noch erfolgreich lösen.«

Viktor: »Kleines Detail ist gut. Die Frage, welches Geschlecht der Leadership-Roboter haben soll, ist doch keine Kleinigkeit. Lass mich raten: Du hättest gerne, dass er … sie eine Frau wäre.«

Hermine: »Das habe ich nicht gesagt. Klar haben Frauen ihre eigenen Qualitäten, aber natürlich auch ihre Schwachstellen.«

Viktor: »Das ist es ja! Unser Roboter hat keine Schwachstellen. Er … sie ist perfekt programmiert! Es geht nur darum, wie er … sie … es aussieht und mit welcher Stimme es spricht!«

Hermine: »Also um Details.«

Viktor: »Ja, Details, aber davon hängt viel ab. Zum Beispiel, wie der Leadership-Roboter von Menschen beiderlei Geschlechts akzeptiert wird.«

Hermine: »Können wir nicht einfach zwei Modelle bauen?«

Viktor: »Dazu reicht das Budget nicht aus. Außerdem: Wie stellst du dir das vor? Wenn jemand keinen Mann in der Führungsrolle akzeptiert, wird das Frauenmodell geholt? Das ist absurd.«

Hermine nickt. Das wäre wirklich absurd. Dann kommt ihr ein Gedanke. »Eigentlich ist das Geschlecht doch egal. Es geht nur darum, dass der Roboter mit beiden Geschlechtern gut umgehen kann. Wenn sich Männer und Frauen gleichermaßen verstanden, respektiert und wertgeschätzt fühlen, wird niemand einen Grund haben, den Leadership-Roboter infrage zu stellen.«

Viktor sieht sie an. »Moment, das könnte funktionieren. Ein Männer- und Frauenflüsterer! Dazu müsste ich vielleicht die Reaktionsdatenbank verdoppeln, aber es könnte funktionieren!«

Doch Hermine ist nachdenklich. »Aber wird das dann nicht ein bisschen …«

Viktor: »Was?«

Hermine: »... unglaubwürdig?«

Viktor: »Wieso unglaubwürdig?«

Hermine: »Na ja, wie viele tatsächliche Führungskräfte kennst du, die mit beiden Geschlechtern gleichermaßen auf einer Wellenlänge sind?«

Viktor: »Genau deswegen bauen wir doch den Leadership-Roboter: um die perfekte Führungskraft zu erschaffen.«

Hermine: »Ja, aber jemand, der immer perfekt drauf ist, immer den richtigen Ton trifft, jederzeit die passende Antwort auf alles gibt ...«

Viktor: »Du hast recht, das wäre irgendwie ... unmenschlich.«

Hermine: »... und somit für unsere perfekte Führungskraft eine absolute Katastrophe. Wer will schon mit jemand arbeiten, der immer perfekt ist?«

Viktor seufzt: »Das bedeutet, wir müssen einen Algorithmus für Taktlosigkeiten, falsche Bemerkungen, Fehlentscheidungen und Stimmungsschwankungen einbauen?«

Hermine: »... und einen Modus für Entschuldigungen, klärende Gespräche und das Zugeben von Fehlern. Und weißt du was?«

Viktor seufzt erneut angesichts der zusätzlichen Arbeit: »Was?«

Hermine: »Ich glaube, dieses Modul wird unserer Führungskraft vielleicht im Endeffekt mehr Achtung, Respekt und Anerkennung von Männern und Frauen einbringen als jede Perfektion, die wir bis jetzt schon programmiert haben.«

Versuchen Sie, bei Konflikten einen klaren Kopf zu bewahren und immer wieder in die Selbstreflexion zu gehen. Manchmal sind bei Konflikten die Ratschläge unserer Eltern und Großeltern immer noch die besten: Ein Hitzkopf sollte Zeit haben, auszukühlen, bevor ein Gespräch oder eine Lösung möglich ist. Für Leader kommt es nicht in erster Linie auf Geschwindigkeit an, sondern darauf, voranzukommen und Lösungen zu finden – anstatt in alten Problemen festzustecken.

Stellen Sie sich folgende Fragen:

- Wie erkennen meine Mitarbeiterinnen und Mitarbeiter meine Vertrauenswürdigkeit?
- Was kann ich tun, damit das gegenseitige Vertrauen im Team steigt?
- Wie oft gebe ich Informationen weiter? Wie läuft der Informationsfluss?
- Hat jeder bzw. jede in meinem Team eine Rolle und Funktion?
- Ist jeder bzw. jedem klar, was ihr bzw. sein Part im Team ist?
- Gibt es Leute, die die Grenzen regelmäßig überschreiten?
- Sind allen die gemeinsamen Ziele klar?
- Versteht jeder die Ergebnisse, die erzielt werden müssen?
- Ist alles organisiert? Gibt es eine Arbeitsstruktur oder Vorgaben von meiner Seite?
- Gibt es gemeinsam vereinbarte Abläufe?

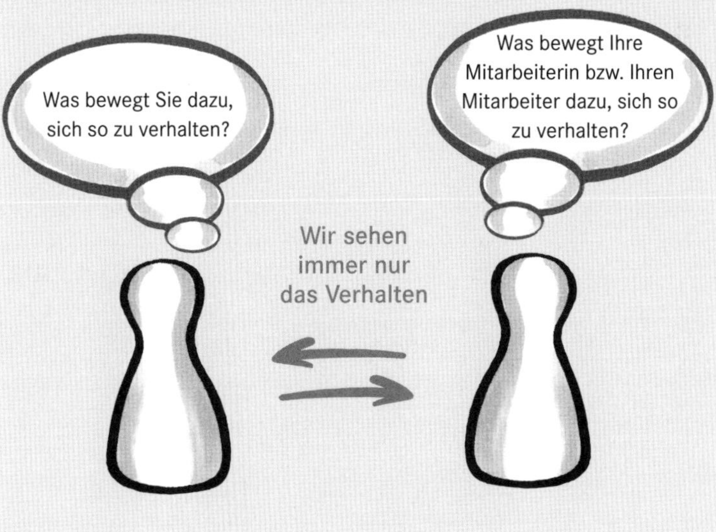

Gibt es nur bei einem dieser Punkte ein Problem, dann haben Sie ein Konfliktpotenzial im Team. Machen Sie Ihre Hausaufgaben, greifen Sie ein und klären Sie die Dinge!

- Wie verhält sich meine Mitarbeiterin bzw. mein Mitarbeiter?
- Was könnten die Gründe dafür sein?
- Welche Frage könnte ich stellen bzw. welche Intervention ist sinnvoll, um eine Lösung zu finden?

4

Konsequent sein – Leader haben die nötige Geduld, um langfristig erfolgreich zu sein

Es geht nicht darum, schnell zu sein, sondern zum richtigen Zeitpunkt das zu machen, was langfristig Erfolg für die Organisation bringt.

Der Langstreckenlauf der Führung – warum Ausdauerathleten weiter kommen als Sprinter

Wir leben im Zeitalter des kurzfristigen Denkens. Es wird in Quartalen, Jahresabschlüssen, Semestern oder Legislaturperioden gedacht – also nur bis zum Ende der Frist des nächsten großen »Zusammenzählens«. Obwohl die Menschheit gut daran tun würde, ihren Horizont zu erweitern, findet diese geistige Erweiterung hinsichtlich von Zielen, Erfolgen, Konsequenzen und Möglichkeiten nur selten statt – und wenn, dann in eher plakativer Form, die nicht wirklich immer für bare Münze genommen wird.

Längerfristig in die Zukunft zu denken, ist auf paradoxe Art und Weise noch immer irgendwie unsexy, weil man Erfolge lieber unmittelbar und persönlich einfährt. Wer weiß schon, ob man in ein paar Jahren noch in der gleichen Position ist wie jetzt oder ob gar nicht jemand anderer die hart erarbeiteten Früchte des Erfolgs genießen wird?

Diese Denkweise hat die Menschheit nicht nur in puncto Klimawandel oder anderen essenziellen Fragen des Lebens sprichwörtlich in Teufels Küche gebracht, sie hat auch starken Einfluss auf unsere sozialen Verhaltensweisen genommen. Die Kluft zwischen Generationen ist heute teilweise so groß, dass es von Generation X bis Z Schubladen gibt, in die man sich selbst fallen lassen und sich irgendwie selbst dahingehend beruhigen kann, dass man bei manchen Dingen eben nie wirklich zusammenkommen wird. Zumindest steht das ja so ständig in den Social Media – muss also stimmen.

Fatal für die Veränderungen des Miteinanderagierens sind also weniger die tatsächlichen Unterschiede zwischen den Generationen, sondern die Tatsache, dass das Klischee der Unvereinbarkeit dermaßen verbreitet und akzeptiert ist, dass die Bereitschaft an sich bzw. an Beziehungen zu anderen zu arbeiten, im Vergleich zu früheren Zeiten erheblich leiden kann.

Das Phänomen, dass sich Millennials oder andere Generationen aufgrund der gängigen Klischees selbst und unveränderlich mit Makeln oder Vorzügen (je nach Selbstvertrauen und -überzeugung) behaftet sehen, ist Gift für jede natürliche Selbstreflexion und ist auch etwas, das gerade im Berufsleben und in der Führungsarbeit manchmal großes Fingerspitzengefühl erfordert. Manchmal führt man keine reinen Individuen mehr, sondern Angehörige einer definierten Gruppe mit eigenem Selbstverständnis, eigenen Befindlichkeiten und eigenen wunden Punkten.

Fairerweise muss man dabei auch die andere Seite betrachten: Das Zeitalter der Kurzfristigkeiten hat auch großen Einfluss auf Führungskräfte. Die Tatsache, dass gute Führung kein kurzfristiges Tool, sondern eine Lebenseinstellung ist, ist heute vielleicht nicht mehr jedem so klar, wie es das sein sollte. Schließlich werden auch Führungsqualitäten an Zahlen, Erfolgen und Zielen gemessen – wenn es sein muss auch unabhängig von Voraussetzungen, Ausgangspositionen, Rahmenbedingungen oder Vernunft.

Doch natürlich ist und bleibt das Führen von Menschen eine langfristige Leidenschaft, die man hat oder eben nicht. Wahre Leader lieben diese Aufgabe und sehen es als Passion an, andere zu führen. Da gibt es kein Raunzen, Beschweren oder Selbstmitleid, weil andere so schwer zu handhaben sind, sondern einen gesamten Erfolg des Unternehmens, zu dem man aktiv beitragen möchte. Man sieht die Langstrecke, nicht den 100-Meter-Sprint.

Mitarbeiterinnen und Mitarbeiter erkennen in der Regel diesen leidenschaftlichen Ansatz bei Führungskräften und reagieren entsprechend darauf. Führungskräfte ohne Leidenschaft, Ausdauer, Langfristigkeiten und Glaubwürdigkeit werden hingegen von Mitarbeiterinnen und Mitarbeitern auf Dauer nicht für voll genommen.

Dieser Zusammenhang ist auch für potenzielle Führungskräfte selbst ein wichtiger Gradmesser: Wenn man nicht mit vollem Herzen Freude an der Führung von Menschen hat, sollte man auch keine Karriere als Leader anstreben. Das ist keine Schande, sondern gesunde, realistische Selbsteinschätzung. Wer will schon in einer Position landen, von der man weiß, dass man von der Kernaufgabe selbst überfordert, genervt oder gelangweilt ist?

Fakt ist, dass die Führung von Menschen nicht jedermanns Sache ist. Wenn die innere Einstellung nicht passt, ist man vielleicht als Expertin oder Experte nicht nur persönlich glücklicher, sondern vermutlich weitaus erfolgreicher in seinem Job.

Gründlich entgeistert

Gerda kann es anfangs gar nicht glauben, dass es einen Job gibt wie diesen. Sie hat sich vom ersten Augenblick an einfach pudelwohl gefühlt – und das liegt nicht nur an dem Glas Prosecco, das ihr zur Feier ihres Einstands vor versammelter Mannschaft in die Hand gedrückt wurde.

Es liegt vor allem an ihrem Abteilungsleiter Hubert, der irgendwie … nun irgendwie anders ist. Er bemüht sich um sie, macht Komplimente und ist sehr persönlich. Das kennt Gerda so nicht. Ihre früheren Chefs waren kalte, egozentrische Machtmenschen. Hier ist alles warm, freundlich, fast Familie. Und Hubert füllt die Rolle eines väterlichen Freundes mit Überzeugung aus. Er nimmt sich viel Zeit, Gerda seine Philosophie zu erklären. »Wir verkaufen hier keine Produkte oder Dienstleistungen«, erklärt er milde lächelnd. »Wir entwickeln Beziehungen.« Das gefällt Gerda.

Doch Hubert legt sogar noch nach: »Hier arbeiten Freunde mit Freunden für Freunde.« Diesen Satz sagt Hubert mehrmals und nickt dabei langsam mit zusammengepressten Lippen, so als ob er gerade etwas sehr Bedeutsames von sich gegeben hätte. Und für Gerda ist es etwas Bedeutsames. Sie liebt die Vorstellung, dass man hier wirklich umeinander bemüht ist – nicht nur untereinander, sondern auch um Kundinnen und Kunden, Lieferantinnen und Lieferanten und überhaupt um alle, die miteinander arbeiteten.

Nur eines versteht Gerda nicht: Warum alle anderen im Team nach derartigen Aussagen von Hubert die Augen verdrehen und sich demonstrativ abwenden.

Ein paar Tage später nimmt sich Hubert erneut viel Zeit für Gerda. »Weißt du, wir sind hier Menschenfischer. Wir binden andere über Freundschaft und Offenheit an uns.« Das hat Gerda ja jetzt schon verstanden - auch wenn ihr dieses Wort »Menschenfischer« schon eine Spur zu seltsam vorkommt.

Sie versucht in der Abteilung mit anderen darüber zu sprechen, doch niemand will sich so richtig auf ein Gespräch einlassen. Nur eine alteingesessene Kollegin meint lapidar: »Du wirst bald sehen, wie wundervoll das alles ist.« Dabei betont sie das Wort »wundervoll« ganz seltsam.

Gerda sieht wirklich recht bald klar. Hubert ist jeden Tag zu allen die Freundlichkeit selbst, doch er gibt ganz und gar keine freundlichen Arbeitsanweisungen - so lässt er Preise bei Lieferanten dermaßen übertrieben drücken, dass diesen so gut wie kein Gewinn mehr bleibt. Doch auch dafür hat Hubert eine väterlich gütige Begründung, die er nickend mit zusammengepressten Lippen zum Besten gibt: »Gute Freunde, strenge Rechnung.«

Gerda gehorcht, fühlt sich bei diesem seltsamen Geschäftsgebaren aber zunehmend unwohl.

Hubert lädt manchmal auch Lieferanten ein und erzählt ihnen freundlich nickend, dass man noch niedrigere Einkaufskonditionen benötige, weil die Marktsituation das erfordere. »Ansonsten wären wir gezwungen, uns nach anderen Partnern umzusehen.« Dabei weiß Gerda inzwischen längst, dass das nicht stimmt. Das Unternehmen macht größere Gewinne denn je - unter anderem weil die Lieferanten preislich so bedrängt werden. Oftmals werden die unterschiedlichen Lieferanten von Hubert sogar gegeneinander ausgespielt und mit den Angeboten der anderen erpresst.

Von Gewissensbissen geplagt, stellt Gerda Hubert irgendwann zur Rede. Schließlich muss man einen väterlichen Freund doch auch einmal unangenehme Dinge fragen dürfen.

»Wenn wir hier alle Freunde sind«, sagt Gerda, »warum behandeln wir dann unsere Lieferanten so mies? Warum übervorteilen wir sie mit fadenscheinigen Begründungen, nur um noch mehr Gewinn zu machen?«

Huberts gütiges Lächeln verschwindet nicht – es wird noch breiter. »Weißt du, Gerda, du musst ein größeres Wohlstandsbewusstsein entwickeln.« Und dann kontrolliert Hubert den »Wertschöpfungsbeitrag« von Gerdas abgewickelten Projekten. So heißt abteilungsintern der Gewinn, der unterm Strich übrigbleibt.

Wenig später bekommt Gerda private Probleme und ihre wachsenden Gewissensbisse gegenüber den Lieferanten sorgen zusätzlich dafür, dass ihre »Wertschöpfungsbeiträge« nicht mehr so hoch ausfallen wie in den ersten Monaten. Sie bittet um ein Gespräch mit Hubert, um ihm ihre private Situation zu erklären und zu versichern, dass es ihr bald wieder besser gehen würde.

Sie ist erleichtert, als Hubert sie mit seinem typischen Lächeln in seinem Büro empfängt. Was er sagt, lässt Gerda jedoch erschaudern: »Wir müssen uns leider von dir trennen. Du weißt ja: Strenge Rechnung, gute Freunde.«

Gerda hat noch nicht einmal Gelegenheit gehabt, von ihrer privaten Situation zu erzählen bzw. zu erklären, was los ist. Aber als sie in das unverändert gütige, scheinbar so verständnisvolle, väterliche Gesicht von Hubert sieht, will sie eigentlich gar nichts mehr erklären, sondern nur weg. Ihr wird klar, dass dies eine Rolle war, die Hubert schon so lange spielt, dass er sie inzwischen selbst glaubt. Doch dahinter verbirgt sich das genaue Gegenteil der zur Schau getragenen Menschenfreundlichkeit, Empathie und Güte.

»Was für ein Arschloch«, denkt Gerda.

Doch Hubert ist noch nicht fertig. »Weißt du«, sagte er, »irgendwie spüre ich, dass du vielleicht irgendwann wieder für uns arbeiten wirst, wenn es dir besser geht.« Er macht eine kurze Pause. »Gute Freunde muss man schließlich in Ehren halten.«

Gerda wird plötzlich schlecht und sie schämt sich dafür, dass sie Hubert die hohlen Phrasen vor wenigen Wochen noch ohne Zögern abgekauft hat und sich glücklich schätzte, dass es sie hierher verschlagen hat.

Sie steht wortlos auf und packt ihre Sachen.

Der Weg zum lustvollen Führungsmarathon

Es geht bei guter, glaubwürdiger Führung also um Langfristigkeit, Beständigkeit und Durchhaltevermögen. Doch wie wird man vom Sprinter zum Langstreckenläufer, um langfristig als Führungskraft erfolgreich zu sein? Im Folgenden geben wir Ihnen sieben wertvolle Tipps.

1. Nehmen Sie sich täglich Zeit für Führung!

So wie Sie sich (Trainings-)Zeit für sportliche Herausforderungen nehmen müssen, brauchen Sie auch einen Plan, um zu erreichen, dass Sie auch als Leader im entscheidenden Moment Ihre Leistung abrufen zu können. Wenn Sie irgendwann erfolgreich einen Führungsmarathon laufen wollen, müssen Sie Trainingsdisziplin in diesem Bereich zeigen. Ohne tägliche Rituale mit Ihrem Team geht es nicht – wie auch immer diese Rituale aussehen.

Planen Sie eine tägliche »Führungszeit« ein – das müssen keine Stunden sein, sondern es sollte die richtige Dosis an bewusster Aufmerksamkeit sein, die Sie Ihrem Team schenken. Was machen erfolgreiche Leader, um sich diese Zeit nehmen? Sie gehen in tägliche kurze Meetings, um eventuelle Fragen zu beantworten oder Dinge klarzustellen.

Oder sie führen ein tägliches Gespräch mit einem Mitarbeiter bzw. einer Mitarbeiterin – an jedem Tag mit jemand anderem. So bleiben Leader täglich in Kontakt mit ihren Mitarbeiterinnen und Mitarbeitern, um deren Probleme, Herausforderungen und Wünsche für eine effiziente Arbeitsleistung zu erfahren. Sind sie zu weit weg, braucht es länger, um zu erfahren, was Sache ist.

Beantworten Sie für sich folgende Fragen:

- Wann wäre ein guter Zeitpunkt, um mit meinem Team zu sprechen?
- Was müsste ich verändern, um diesen Fixpunkt gut zu etablieren?
- Wie komme ich dabei ungezwungen, aber fokussiert in Kontakt mit meinem Team?
- Was wäre mein Wunschergebnis für diese Fixpunkte?
- Was will ich langfristig damit erreichen?

2. Lernen Sie, zu delegieren und abzugeben!

Wie wir nun wissen, geht es als Leader darum, langfristig erfolgreich zu sein und zu wissen, wo die eigenen Stärken und Schwächen liegen. Die entscheidenden Frage sind also, wo ich dem Unternehmen am meisten Nutzen bringe und in welchen Dingen meine Mitarbeiterinnen und Mitarbeiter kompetenter, erfahrener, schneller sind und mit ihrem Können in der gleichen Zeit mehr erreichen können. Die Konzentration auf die eigenen Stärken und deren Einsatz für die Organisation bringt mehr, als wenn Sie sich für alles verantwortlich fühlen und überall mitreden wollen. Letzteres hemmt Teammitglieder in ihrer eigenen Entfaltung und erschwert zudem die Entwicklung der Organisation – beides Verantwortungsbereiche, für die Sie zuständig sind. Lernen Sie daher, abzugeben!

Beantworten Sie die folgenden Fragen und nutzen Sie dafür eine Tabelle. Diese unterstützt Sie bei der Selbstreflexion. Sie können mit ihr relativ simpel analysieren, welche Ihrer Tätigkeiten wirklich einen Mehrwert für die Organisation bringt und welche nicht.

- Welche Tätigkeit gehört nicht zu meiner Expertise?
- Welche meiner Tätigkeiten sind absolut notwendig für den Erfolg des Unternehmens?
- Wer könnte die Tätigkeiten übernehmen?
- Warum könnte die Person diese Tätigkeiten übernehmen?

Es gibt viele Expertinnen und Experten in Ihrem Team. Wenn Sie lernen, Dinge zu delegieren und abzugeben, haben Sie mehr Zeit dafür, Ihre Kernkompetenzen auszuüben, und bringen so dem Unternehmen mehr Erfolg.

3. Vertrauen Sie Ihren Mitarbeiterinnen und Mitarbeitern!

Zeit für eine klare und auf den Punkt gebrachte Aussage: Sobald Sie jemandem misstrauen, können Sie nicht an ihn bzw. sie delegieren! Um ein guter Leader zu sein, ist es also von essenzieller Wichtigkeit, das eigene Menschenbild positiv zu gestalten. Wenn Sie bewusst darauf achten, wird Ihnen auffallen, dass alle bekannten Leader grundsätzlich positiv über ihr Umfeld denken. Dies ist keine Schönfärberei oder Imagearbeit, sondern eine grundsätzliche Lebenseinstellung, die schlicht und einfach notwendig ist, wenn man eine gute, geschätzte, handlungsfähige Führungskraft sein möchte.

Dies bedeutet übrigens nicht, dass man naiv und blauäugig durch die Welt geht – man muss jedoch alles in der richtigen Relation sehen.

Natürlich haben wir alle schon negative Erlebnisse mit Mitarbeiterinnen und Mitarbeitern gehabt. Dies ist jedoch – wenn wir ehrlich zu uns selbst sind – eher die Ausnahme als die Regel. Der Fehler, den schlechte Führungskräfte (bzw. Menschen in allen Führungs- und Unternehmensebenen) gern machen, ist eine Überbewertung der schlechten Erfahrungen. Sie halten geistig am Negativen fest und setzen das Erleben ähnlicher Erfahrungen für zukünftige Situationen voraus. Dies führt unweigerlich dazu, dass das Vertrauen in andere Menschen abnimmt, und setzt zudem einen Teufelskreis in Gang. Denn auch die Mitarbeiterinnen und Mitarbeiter fühlen sich plötzlich geringgeschätzt – in den meisten Fällen ohne konkreten Grund.

Zur Erinnerung: Eine Ihrer wichtigsten Aufgaben ist es, Mitarbeiterinnen und Mitarbeiter zu fördern und zu unterstützen. Ohne Vertrauen ist das unmöglich. Falls sich jemand wirklich einmal nicht so schnell entwickelt, wie Sie sich das wünschen würden: Bewahren Sie Ruhe und bleiben Sie dran! Speziell in diesen Phasen braucht es Ruhe und Entspanntheit. Bleiben Sie geduldig!

Fragen Sie sich, ob Ihr Misstrauen das Ergebnis von gesammelten Erfahrungen ist, die Sie auf einzelne Personen anwenden.

- Was hindert mich daran, dieser Person zu vertrauen?
- Was unterstützt mich dabei, dieser Person zu vertrauen?
- Was müsste ich tun, um dieser Person vertrauen zu können?
- Was müsste diese Person tun, damit ich ihr vertrauen kann?

4. Gönnen Sie sich kreative Auszeiten!

Selbst der versierteste Dauerläufer braucht Phasen der Erholung. Beim Führen ist das nicht anders. Gönnen Sie sich Auszeiten, in denen Sie den Kopf frei bekommen und etwas für sich tun. Einfach einmal raus

aus dem Büro, eine Ausstellung besuchen oder etwas für die Seele unternehmen. Weg vom Alltag, von den Verpflichtungen und dem Druck, der manchmal auf einem lastet. Leader erholen sich nicht im Unternehmen, sondern holen sich Inspirationen im Außen.

Wahre Leader sind vielseitige Menschen, die sich von neuen Sichtweisen inspirieren lassen, sich offen gegenüber Menschen zeigen und sich nicht scheuen, neue Inspirations- und Kraftorte aufzusuchen, um dort neue Energie zu sammeln.

Stellen Sie sich folgende Frage: »Was hält mich davon ab, diese Auszeiten bewusst einzuplanen?« Nehmen Sie jetzt Ihren Kalender zur Hand und tragen Sie sich einmal im Monat eine Auszeit ein – zu einer unüblichen Zeit, zum Beispiel: »Von 13 bis 16 Uhr gehe ich in eine Ausstellung.« Es soll natürlich nichts mit Ihrem Job zu tun haben. Gönnen Sie sich das einmal pro Monat. Das ist ideal, um Ihre Kreativität anzuregen.

5. Achten Sie auf Ihre Gesundheit!

Ein gesunder Geist wohnt in einem gesunden Körper. Schon in der Antike wusste man, dass selbst der brillanteste Kopf ohne ein intaktes Vehikel nicht weit kommt. Daran hat sich bis heute wenig geändert. Man muss kein Spitzensportler sein, aber um als Leader unglaubliche Ergebnisse zu erzielen, ist es notwendig, gesund zu sein und zu bleiben.

Klar kann man auch krank, schwach und unglücklich als Leader agieren – zumindest für kurze Zeit. Doch unter dem schwachen Körper wird alles andere leiden – nicht nur die eigene Kraft und Überzeugung, sondern vor allem die Ausstrahlung und damit die Glaubwürdigkeit. Wenn jemand nicht in der Lage ist, auf sich selbst zu achten, wird man ihm auch nicht abnehmen, dass er erfolgreich auf eine Gruppe von Menschen aufpassen kann und zum Beispiel sicherstellt, dass diese nicht in ein Burn-out getrieben werden.

Genuss schließt übrigens ein gesundes Leben nicht aus. Doch wie alles, was wir in diesem Buch empfehlen, kommt es auch hier auf die richtige und gesunde Balance an.

Leider ist dies eine Empfehlung, die in der Praxis allzu oft zu spät kommt. Gerade wenn es eng wird, neigen viele Führungskräfte dazu, ihre Gesundheit zu missachten, um vermeintlich »alles für den Job zu geben«. Tatsächlich berauben sie sich aber ihrer wichtigsten Ressource: ein breiter Handlungsspielraum und Kraftreserven. Wer sich ständig verausgabt und seinem Körper alles abverlangt, kann in entscheidenden Momenten nicht mehr zulegen, sondern bricht zusammen.

Darum: Behandeln Sie sich und Ihren Körper auch in Stresssituationen gut und zuvorkommend. Dazu reicht oft schon ein täglicher Zehn-Minuten-Spaziergang oder eine 20-minütige Entspannungsübung.

Fragen Sie sich regelmäßig, was Sie sich Gutes tun können, damit Sie kraftvoll, gesund und handlungsfähig bleiben. Notieren Sie bezogen auf eine schlechte Angewohnheit die folgenden Punkte:

- Häufigkeit am Tag
- Könnte ich darauf einen Monat lang verzichten?
- Könnte ich darauf eine Woche lang verzichten?
- Was wäre das Ergebnis, wenn ich es wegließe?
- Was müsste ich im Gegenzug für eine gesunde Eigenschaft übernehmen?
- Was hätte ich für einen Nutzen davon, wenn ich es wegließe?

6. Lernen Sie, in kurzen Einheiten viel zu erreichen!

Man kann es drehen und wenden wie man will: Leader haben im 21. Jahrhundert prinzipiell wenig Zeit, um sich tiefergehend mit Themen zu beschäftigen. Wenn es Ihnen wie 90 Prozent Ihrer Kolleginnen und Kollegen in leitenden Positionen geht, dann sehen Sie sich jeden Tag einer Vielzahl ununterbrochener Herausforderungen ausgesetzt, die alle Ihre Aufmerksamkeit benötigen. Die Lösung: Sie geben den Themen wenig, aber dafür intensive Zeit.

Es macht einen großen Unterschied, ob Sie sich einer Angelegenheit 20 Minuten lang mit voller Konzentration widmen oder ob Sie 90 Minuten lang in einem Meeting sitzen und mit halbem Ohr zuhören. Volle Aufmerksamkeit in kurzen Frequenzen erhöht die Effizienz!

Denken, handeln und leben Sie also in kurzen Einheiten: 20-minütige Gespräche, 40-minütige Interviews, 20 Minuten arbeiten an einem Konzept, 40 Minuten Analyse des Kundenproblems. In dieser Zeit tun Sie jeweils nichts anderes! Wenn Sie sich bei der Erstellung eines Konzepts vier Mal je 20 Minuten voll und ganz darauf fokussieren, werden

Sie am Ende 80 Minuten in Etappen investiert und in dieser Zeit mehr erreicht haben als in anderthalb Stunden Arbeit am Stück, bei der Sie schon vor der Hälfte der Zeit Motivation, Lust, Konzentration und Kreativität verloren haben. Stück für Stück an einem Thema zu arbeiten, sorgt für Frische, Effizienz und Fortschritt. Beantworten Sie also folgende Frage: »Wie kann ich in kurzen Zeiteinheiten viel erreichen?« Nehmen Sie sich für die großen Brocken auf ihrer To-do-Liste immer wieder 20 Minuten pro Tag Zeit! Definieren Sie pro Woche ein Ergebnis, das Sie zu diesem Thema erreichen wollen! Wenn dies möglich ist, definieren Sie, wann am Tag Sie sich dem Thema widmen werden. Ob und wie ausgeprägt diese Detailtiefe notwendig ist, hängt sehr stark vom jeweiligen Persönlichkeitstyp ab. Notieren Sie für jedes Thema:

- Inhalt
- Bis wann?
- Ergebnis pro Woche
- Zu welcher Uhrzeit?

7. Bleiben Sie offen und flexibel!

Jeder Mensch hat eine Komfortzone. Haben wir uns in dieser erst einmal gut eingerichtet, werden wir unser Möglichstes tun, um sie nicht so schnell verlassen zu müssen. Das kann Menschen vor eine Reihe von Problemen stellen. Im Falle von Leadern kommt ein weiterer Aspekt hinzu. Denn Leader tragen nicht nur die Verantwortung für die eigene Person, das eigene Leben, die eigene Entwicklung, sondern – wie wir wissen – auch für ihr Team und – zu Ende gedacht – auch für das Wohl des Unternehmens.

Das Verlassen der Komfortzone ist für Leader also ein wesentlicher und verpflichtender Teil ihres Jobs. Oder recht anders ausgedrückt: Führungskräfte, die in heiklen, gefährlichen, chancenreichen, sensiblen, entscheidenden Situationen den Hintern nicht hochbekommen und nicht vorangehen, geben eine glasklare Bankrotterklärung ihrer Führungsqualitäten ab. Die betroffenen Mitarbeiterinnen und Mitarbeiter würden in solchen Situationen vermutlich noch weitaus unerfreulichere und unfreundlichere Ausdrücke für ihre Vorgesetzten finden …

Es geht beim Drang, das Gewohnte, Bequeme, Alltägliche zu verlassen, aber auch um etwas anderes als Mut, Unerschrockenheit und Tatendrang: Wer kreativ, agil und offen führen will, muss auch aktiv dazu bereit sein, sich immer wieder in ungewohnter Umgebung auf Entdeckungsreise zu begeben. Innerhalb der Komfortzone gibt es keine neuen Impulse, Gedanken und Ideen aufzuschnappen.

Leider neigen Menschen – speziell, wenn sie älter werden – dazu, sich gegenüber Neuem zu verschließen und bei dem zu bleiben, was sie kennen und bei dem sie sich sicher (kompetent, erfahren, vorbereitet) fühlen. Diese Haltung ist unbewusst und zeigt sich auf verschiedenste, oftmals auch subtile Art und Weise – etwa, wenn wir bei Vorschlägen zunächst sehr viel Zeit darauf verwenden, um zu erklären, warum etwas nicht geht.

Neue Wege, neue Sichtweisen und neue Erfahrungen machen nicht nur agiler, sondern sensibilisieren für Neues, Frisches, noch nicht Erprobtes. Wertschätzen Sie, dass jüngere, und neue Kolleginnen und Kollegen anders ticken! Hören Sie ihnen aufmerksam zu und lernen Sie davon! Halten Sie den Kopf bewusst in den frischen Wind, der außerhalb des Bereichs weht, in dem Sie täglich so viele Stunden zubringen. Auch wenn dort keine unmittelbar anwendbaren Lösungen warten, bringen neue Gedanken Sie vielleicht zu Ansätzen, die Ihnen bislang nicht in den Sinn gekommen sind.

Wahre Leader wissen: Von jedem Menschen kann man etwas lernen – positiv oder negativ. Und: Ein Urteil über einen Menschen, mit dem man gar nicht oder wenig gesprochen hat, zeugt von wenig Interesse an dem Menschen und einem Mangel an Reife (und daher auch einem Mangel an Führungsqualität).

Folgende Fragen sind wichtig:

- Würde ich mich selbst als offenen Menschen bezeichnen?
- Woher hole ich mir meine Ideen und Impulse?
- Was kann ich aktiv tun, um ausgetretene Pfade zu verlassen?

Nehmen Sie sich einmal pro Woche Zeit für Themen, denen Sie sich immer schon widmen wollten! Reden Sie mit Kolleginnen und Kollegen darüber, hören Sie sich einschlägige Podcasts an oder rufen Sie Dokumentationen oder Beiträge dazu auf! Verlassen Sie auch unternehmensintern Ihren eigenen Bereich und sprechen Sie aktiv Kolleginnen und Kollegen aus anderen Abteilungen auf Themen an, über die Sie noch nicht so viel wissen! So erweitern Sie Ihr Wissen, Ihr Netzwerk – und damit auch Ihre Komfortzone.

Reflexion: Führungsmarathon

- Wie nehmen Sie sich jetzt täglich Zeit für Führung?
- Was sind Ihre nächsten Schritte, um Dinge abzugeben und Mitarbeiterinnen und Mitarbeiter zu fördern?
- Was ist notwendig, damit Sie Ihren Mitarbeiterinnen und Mitarbeitern vertrauen?
- Wie schaffen Sie einmal in der Woche eine kreative Auszeit?
- Was verändern Sie ab heute, um gesünder zu leben?
- Wie schaut Ihre neue Routine aus?
- Was tun Sie in Zukunft, damit Sie offen und flexibel bleiben?

Sich zeigen – warum es so wichtig ist, als Führungskraft authentisch zu sein

Manche Führungskräfte sind so im operativen Tagesgeschäft verhaftet, dass sie ganz vergessen, präsent zu sein – also sich zu zeigen und sich greifbar zu machen. Im letzten Kapitel haben wir bereits angeschnitten, wie wichtig es ist, mit den Mitarbeiterinnen und Mitarbeitern seines Teams in Kontakt zu treten. Dabei geht es aber nicht nur um die physische Anwesenheit, sondern um ein wesentliches Merkmal jedes wahren Leaders – um einen authentischen Auftritt.

Wahre Führungspersönlichkeiten können vor verschiedenen Menschen zu verschiedenen Anlässen sprechen und bleiben sich dabei immer problemlos selbst treu. Sie erzählen Geschichten aus ihrem Alltag, denen man gern zuhört, und erzeugen dadurch lebendige, farbenfrohe und inspirierende Bilder in den Köpfen ihrer Zuhörerinnen und Zuhörer. Auf den Punkt gebracht: Leader müssen vor Menschen treten und diese begeistern können.

Ganz besonders wichtig ist diese Eigenschaft in schwierigen Zeiten – also dann, wenn nicht alles rundläuft. Ist alles auf Kurs, ist es nicht unbedingt schwer, andere zu motivieren und gemeinsam auf einer Welle des Erfolgs zu reiten. Bei wirtschaftlichen (oder menschlichen) Flauten erfordert es tatsächliche Führungskunst mit Fingerspitzengefühl, um Stillstand oder sogar Rückschritte zu vermeiden.

Sie kennen vielleicht das Sprichwort, dass sich wahre Freunde erst in schwierigen Zeiten zeigen. Genauso zeigen sich auch die wahren Führungsqualitäten erst dann, wenn es in Unternehmen, Abteilungen, Bereichen und Teams unruhig wird. Dann, wenn nicht alles von selbst läuft, sondern es tatsächlich kreative, belebende Impulse benötigt, um sich am eigenen Schopf aus einem Tief zu ziehen oder zumindest konzentriert Kräfte zu sammeln, damit man im entscheidenden Moment wieder voll da ist.

In Krisenzeiten kommt Leadern vieles zugute, was sie zuvor glaubhaft und konsequent unter Beweis gestellt haben. Dann profitieren sie von dem aufgebauten Vertrauen und von der unter Beweis gestellten Glaubwürdigkeit. Dann haben sie auch kein Problem damit, sich vor das Team zu stellen und offen zu ihren Fehlern zu stehen und mögliche Lösungen vorzuschlagen. Und sie haben auch kein Problem damit, zu ihrem Team zu stehen, jenen Halt zu geben, die ihn benötigen, und anderen erforderliche Impulse zuteilwerden zu lassen.

Ein authentisches Auftreten in guten Zeiten ist ein Investment und ein solides Fundament für Phasen, in denen Zusammenhalt, Ehrlichkeit und Offenheit besonders gefragt sind. Mitarbeiterinnen und Mitarbeiter, die 100-prozentig zu Ihnen stehen, tun das auch in schwierigen Zeiten – und gehen für Sie bzw. mit Ihnen durchs Feuer. Machen Sie sich also in »guten Zeiten« fit für Ihre Ansprachen und Reden – egal ob im kleinen oder großen Rahmen, ob bei Präsentationen oder Geburtstagsansprachen. Lassen Sie keine Möglichkeit aus, um mit Charisma und Authentizität zu überzeugen!

Wenn Sie die Fähigkeit haben, Menschen zu bewegen, dann schaffen Sie das auch dann, wenn das Vorankommen aufgrund schwieriger Umstände nicht so leicht ist. Wenn Sie es jedoch verabsäumen, Ihr Charisma rechtzeitig aufzubauen und auszubauen, werden Sie in der Krise nicht das nötige Standing haben, um andere mitzureißen.

Leader und Führungskraft – eine Fallkurve

Stefan und Heinrich haben vor vielen Jahren gleichzeitig im Konzern angefangen und es im Laufe der Jahre beide zum Abteilungsleiter gebracht – allerdings auf sehr verschiedene Arten.

Stefan ist als Jugendlicher in das Unternehmen eingetreten und hat sich als Lehrling bewährt. Nach Abschluss seiner Ausbildung ist er als Mitarbeiter übernommen worden und hat sich schließlich Schritt für Schritt hochgedient. Durch seine offene, lockere Art stößt er überall auf offene Ohren und offene Türen. Er interessiert sich für vieles und ist auch gern bereit zu helfen – selbst wenn es um Dinge geht, die mit seinem unmittelbaren Verantwortungsbereich nichts oder wenig zu tun haben. Stefan ist bekannt dafür, Klartext zu sprechen – und zwar nicht nur, wenn es um angenehme Dinge geht.

All das hat dazu geführt, dass man ihm 20 Jahre nach seinem Eintritt ins Unternehmen schließlich die Leitung einer Abteilung anbot. Er ist seitdem der Einzige unter den Führungskräften, der diesen bemerkenswerten Weg vom Lehrling zum Abteilungsleiter gegangen ist, und er schafft es bis heute, dass er von so gut wie allen trotz neuer Führungsposition noch immer als »der Stefan« wahrgenommen wird, ohne dass sein Status und seine Autorität darunter leiden. Im Gegenteil: Stefan ist »der Mann«, zu dem man geht, wenn man tatkräftige Unterstützung, kreative Lösungen und eine ehrliche Meinung benötigt. Dazu bezieht Stefan auch sein Team aktiv mit ein und fördert seine Mitarbeiterinnen und Mitarbeiter dabei auch noch konzernintern, so gut er kann. Er unterstützt Weiterbildungen und hilft zwei Teammitgliedern dabei, in ein einjähriges High-Potential-Programm des Unternehmens zu kommen. Seine Vision ist, dass auch andere eine ähnliche Karriere wie er selbst machen können.

Heinrichs Weg zur Führungsposition sieht völlig konträr dazu aus: Seine Karriere im Unternehmen hat als Zivildiener im Büro des Konzernchefs begonnen. In den Monaten, die er dort zubrachte, widmete er seine Zeit größtenteils damit, sich um die Bedürfnisse des CEO zu kümmern und dort seine intellektuellen Fähigkeiten unter Beweis zu stellen – mit Erfolg. Als Heinrich wenige Jahre später sein Studium beendete und im Konzern bezüglich eines Jobs vorstellig wurde, machte ihn der noch immer beeindruckte Konzernchef aus dem Stand zum Abteilungsleiter.

Da sich keiner dem »großen Boss« zu widersprechen traute, verstummten die Stimmen schnell, die anmerkten, dass Heinrich keine Ahnung von der Branche, vom Konzern – geschweige denn von der Führung von Menschen – hat. Doch wie sich herausstellte, waren all diese Bedenken gerechtfertigt. Heinrich ist das, was man bald im ganzen Unternehmen abfällig als »Speichellecker« und »Schaumschläger« tituliert. Ohne tatsächliche Fachkenntnisse und praktische Erfahrungen fokussiert er sich weiterhin darauf, bei seinem Mentor, dem Konzernchef, gut dazustehen – auch wenn das bedeutet, dass er Erfolge seiner Mitarbeiterinnen und Mitarbeiter als seine eigenen verkauft bzw. seinem Team Fehler in die Schuhe schiebt, die er selbst zu verantworten hat.

Sehr um sein Image im Unternehmen bedacht, hat er seinem Team noch eine skurrile Regel auferlegt, die im Unternehmen dafür sorgt, dass man ihn endgültig als ahnungslosen und weltfremden Eigenbrötler betrachtet: Heinrich hat seinem Team verboten, mit anderen Mitarbeiterinnen und Mitarbeitern im Konzern zu sprechen. Sämtliche Kommunikation mit der Abteilung hat über ihn zu laufen.

So ist es kein Wunder, dass sich Stefan und Heinrich wenig zu sagen haben – auch wenn sie beruflich notgedrungen immer wieder kooperieren müssen. Genauso konträr wie die Charaktere der beiden Abteilungsleiter sieht auch das Glück der Mitarbeiterinnen und Mitarbeiter in den beiden Bereichen aus. Stefans Team sprüht nur so vor Leidenschaft und Loyalität, Heinrichs Team dümpelt desillusioniert vor sich hin und hat die höchste Fluktuationsrate im Unternehmen, die Heinrich dem Firmenchef damit erklärt, dass er eben sehr hohe Ansprüche an seine Mitarbeiterinnen und Mitarbeiter stellt. »Da können nur wirklich exzellente Leute mithalten«, sagt Heinrich. »Aber Sie wissen ja, dass es solche Arbeitskräfte heute kaum noch gibt.« Und solange die Zahlen stimmen, nickt der CEO dann wissend und ist froh, dass er den dynamischen Heinrich für sein Unternehmen gewonnen hat. Denn auch der Unternehmenschef hat im Umgang mit Menschen so seine Defizite.

Doch dann gehören die guten Zahlen plötzlich in der ganzen Branche der Vergangenheit an. Veränderungen am Markt und eine globale Wirtschaftskrise machen dem Konzern zu schaffen und an der Firmenspitze wird beschlossen, jenen Zweig des Unternehmens, dem auch die Abteilungen von Stefan und Heinrich angehören, drastisch zu verkleinern. Die Vorgabe: Rund 50 Prozent der Mitarbeiterinnen und Mitarbeiter sollen entlassen werden. Natürlich obliegt es den Abteilungsleitern, die Entscheidung zu treffen, wer gehen und wer bleiben soll.

Stefan versammelt seine Abteilung und schenkt ihr reinen Wein ein. Er berichtet von den Hintergründen, von der aus wirtschaftlicher Sicht nachvollziehbaren Entscheidung des Vorstands – aber auch, wie es ihm persönlich damit geht. »Mir blutet das Herz, euch das alles sagen zu müssen, aber es wurden alle Möglichkeiten ausgelotet und das Unternehmen hat keine wesentlich besseren Optionen.« Stefan erzählt auch, dass vom ihm erwartet wird, dass er fünf der zwölf Mitglieder des Teams zur Entlassung vorschlägt, dass er aber diese Entscheidung gern mit allen gemeinsam treffen möchte, um auch die menschlichen Seiten zu berücksichtigen. »Meine erste Entscheidung ist, dass ich mich selbst als einer der fünf zu streichenden Stellen vorschlagen werde. Ich habe als Abteilungsleiter gute Chancen, woanders einen gleichwertigen Job zu finden, und weiß, dass im Team genügend qualifizierte Leute sind, die mir nachfolgen können.«

Stefans Team ist niedergeschlagen, aber trotzdem sind alle glücklich, einen solchen Chef zu haben. Sie wissen: Wenn er sagt, dass alles versucht worden ist, um diese Maßnahme abzuwenden, dann ist das so. Sie werden gemeinsam darüber sprechen, wer vielleicht die Chance hat, woanders unterzukommen und irgendwie schon eine Lösung finden, wie man die vier zu streichenden Planstellen mit Namen versehen kann, ohne dabei menschliche und familiäre Tragödien auszulösen.

Noch während sie zusammensitzen, geht plötzlich die Tür auf und Heinrich steckt den Kopf zur Tür herein. Seine rechte Hand umklammert einen Aktenkoffer. »Ich wollte mich nur schnell verabschieden«, sagt er augenzwinkernd. »Aber vorher wollte ich euch noch etwas zeigen.« Dann legt er den Aktenkoffer auf den Tisch, öffnet ihn einen Spalt und gibt so den Blick auf ein Bündel Geldscheine frei. »Noch ein letzter guter Tipp von mir«, sagt er und schließt den Aktenkoffer schnell wieder. »Genau so macht man das, wenn man clever ist.«

Heinrich erzählt, dass sein erster Weg nach Bekanntgabe des Sparprogramms zum Konzernchef führte, wo er ihm »im Sinne des Unternehmens« angeboten hat, freiwillig seinen Hut zu nehmen. »Um dem Konzern mein doch recht üppiges Gehalt zu ersparen«, lacht er. »Natürlich steht mir nach der langen Zeit eine Abfindung zu, auf die ich ungern verzichten will.« Er zwinkert in Richtung Koffer. »Ich habe sie mir auszahlen lassen, damit ich am letzten Tag noch etwas zum Herzeigen habe. Man will ja schließlich in Erinnerung bleiben.«

Heinrich wird in Erinnerung bleiben - wenn auch in keiner guten. Seine Mitarbeiterinnen und Mitarbeiter hat er - wenig verwunderlich - in der Situation allein gelassen. Doch für die meisten ist das Ende dieses Arbeitsverhältnisses nach den Jahren der Enttäuschungen ohnehin ein willkommener Neuanfang.

Stefan kann nun die ehemalige Abteilung von Heinrich übernehmen und verbringt in den ersten Monaten viel Zeit damit, das Selbstbewusstsein und auch die Perspektiven der verbliebenen Mitarbeiterinnen und Mitarbeiter wiederaufzubauen. Er bleibt bis zu seiner Pensionierung im Unternehmen, das sich nach der Konsolidierungsphase rasch wieder erholt und erneut floriert.

Als der alte Konzernchef ebenfalls in den Ruhestand wechselt, wird die Geschichte von Heinrich ein geflügeltes Beispiel für einen Führungsstil, den man im Konzern zutiefst ablehnt. Man führt ein Wertesystem ein, das Führungskräfte entsprechend sensibilisiert, und ermöglicht ein umfassendes Weiterbildungs- und Nachwuchsprogramm, in dem ebenfalls Heinrichs Verhalten (freilich unter geändertem Namen) als illustres Fallbeispiel für monumentales Fehlverhalten einer Führungskraft erzählt wird. Und so hat Heinrich zumindest in irgendeiner Form etwas Positives zum Unternehmenserfolg beigetragen.

Innere Haltung als Schlüssel zum Erfolg

Authentizität wurde in diesem Buch schon so oft erwähnt, dennoch wollen wir noch einmal darauf zurückkommen. Authentisch zu sein, bedeutet nicht nur, dass man glaubwürdig und natürlich auftritt, sondern auch, dass man von dem, was man sagt, aufrichtig überzeugt ist und es ehrlich meint.

Vielleicht denken Sie sich jetzt, dass das manchmal unmöglich ist. Wie soll man zum Beispiel authentisch über notwendige Kündigungen sprechen, wenn man alleine den Gedanken daran hasst? Hier dürfen wir Sie an zwei Dinge erinnern: Zum einen stehen Sie in Diensten eines Unternehmens und es ist Ihre Aufgabe, die Strategien und Sichtweisen der Unternehmensspitze mitzutragen. Zum anderen bedeutet Authentizität nicht, dass man diese Strategien und Sichtweisen in irgendeiner Art und Weise beschönigen, verkaufen oder verniedlichen muss. Leader reden immer offen und ehrlich über Ursachen, Fehler, Konsequenzen und Maßnahmen – auch wenn diese alles andere als angenehm sind.

Und Leader sind auch immer offen und konsequent, was das eigene Engagement betrifft. Sprich, wenn Sie aus irgendeinem Grund die Strategien und Sichtweisen einer Unternehmensspitze nicht mehr mittragen können bzw. sich nicht in der Lage sehen, etwas beizutragen, zu beeinflussen oder zu ändern, dann sollten Sie sich fragen, ob Ihre Position bei diesem Arbeitgeber noch sinnvoll ist.

Wie auch immer man es dreht und wendet: Ihre Authentizität wird Sie und Ihr Team stets mit der Wahrheit konfrontieren und Ihnen und Ihrem Team dabei Zeit und Umwege ersparen.

Das ist hart, aber letztlich ein Weg, den man – egal, was kommt – mit erhobenem Haupt und mit Selbstachtung beschreiten kann. Und es ist außerdem ein Weg, der Sie frei und unabhängig macht. Denn Sie brauchen als wahrer Leader keine bestimmten Bedingungen, um ganz Sie selbst zu sein bzw. von anderen akzeptiert zu werden. Und Sie können bei aller gelebten Konsequenz immer menschlich bleiben.

Wenn Sie einem Mitarbeiter mitteilen müssen, dass Sie sich von ihm (aus welchen Gründen auch immer) trennen müssen, wird dieser – sofern Sie Ihre Qualitäten als Leader zuvor unter Beweis gestellt haben – dankbar für aufrichtige, ehrliche Worte über die Gründe und Hintergründe sein und zu schätzen wissen, dass Sie keine Spielchen spielen oder Ausflüchte suchen. Wenn Sie ihm selbst in dieser hochgradig unangenehmen Situation sagen, dass Sie keinen anderen Weg als eine Trennung sehen, weiß der Mitarbeiter, dass das stimmt, und ist Ihnen womöglich sogar dafür danken, dass Sie ihm reinen Wein einschenken und er weiß, woran er ist.

Wird die persönliche Situation für den betroffenen Mitarbeiter besser? Nein, aber sie wird durch Ihr Verhalten als Leader glaubwürdiger – und dadurch leichter zu »nehmen«.

Wir haben hier ein extremes Beispiel gewählt, das mit dem Jobverlust eines Mitarbeiters endet. Es wird in Ihrer Karriere als Leader nicht immer bzw. nicht sehr oft um derartige Szenarien gehen. Sie werden jedoch sehr oft Entscheidungen »von oben« als Führungskraft mitzutragen und mit zu verantworten haben. Versuchen Sie dabei den ganzheitlichen Aspekt zu erkennen, damit Sie wie ein Leader agieren können. Fragen Sie sich:

- Stehe ich generell zu den Strategien und Entscheidungen der Unternehmensspitze? Bin ich hier noch richtig?
- Was ist der wirtschaftliche und was der menschliche Faktor bei einem Thema, das mich gerade beschäftigt? Wie ist mein jeweiliger Standpunkt dazu?
- Bei unterschiedlichen Standpunkten von mir und der Unternehmensspitze: Wie kann ich die beiden Seiten eines Themas so beleuchten, dass ich den verschiedenen Perspektiven und Sichtweisen gerecht werde und meinen Mitarbeiterinnen und Mitarbeitern ein umfassendes Bild vermittle?

Den Körper sprechen lassen

Kinder reden und sprechen mit dem ganzen Körper. Sie machen zum richtigen Zeitpunkt unmissverständliche Gesten und können (und wollen) ihre Mimik nicht verstecken. Die Stimme ist dann dramatisch, wenn sie es für richtig empfinden, und die Körperspannung ist zum richtigen Thema fest oder locker. Hätten wir als Erwachsene diese Fähigkeit nicht verloren, mit Händen und dem ganzen Körper zu sprechen, wären wir die glaubwürdigsten und besten Speaker der Welt.

Wenn Sie sich viele Stunden an Seminaren über Präsentationstechniken ersparen wollen, sehen Sie Kindern dabei zu, wie sie untereinander kommunizieren, und lernen Sie daraus, wie man anderen seine Botschaften unmissverständlich und klar übermittelt.

Kinder denken erst dann bewusst darüber nach, wie sie ihren Körper einsetzen, wenn Erwachsene sie aus ihrer Natürlichkeit herausholen und sie einschränken (»Fuchtle nicht so viel mit den Händen herum, du schmeißt noch ein Glas um!«). Dabei nehmen wir Kindern etwas Essenzielles weg: die Gabe, relativ mühelos die volle Aufmerksamkeit von anderen zu gewinnen. Kinder stehen schnell und leicht im Mittelpunkt – weil es Erwachsene fasziniert, wie »anders« sie kommunizieren. Leider verlernen sie ab einem gewissen Alter Schritt für Schritt ihre Natürlichkeit und achten stattdessen darauf, wie sie scheinbar am besten wirken.

Ohne diese vorangestellte Erklärung wäre Ihnen unser Rat vielleicht etwas seltsam vorgekommen. Aber wir plädieren dafür, dass Sie Ihren Körper wieder »ein wenig mehr Kind sein lassen«. Oder mit anderen Worten ausgedrückt: Sprechen Sie wieder ein wenig mehr wie ein Kind! Dann wirken Sie automatisch authentisch und ehrlich. Das ist keine Aufforderung zu infantilem Verhalten, sondern ein Plädoyer für ein wenig mehr lockerer Ungezwungenheit anstatt angelernter Steifheit.

Ob Sie diesen Ratschlag befolgen wollen oder nicht, eines gilt auf jeden Fall: Glauben Sie nicht an den Inhalt, der Ihnen über die Lippen kommt, brauchen Sie gar nicht damit zu beginnen, an der Wirkung zu arbeiten. Der Löwenanteil an Glaubwürdigkeit und Authentizität, den andere spüren, entsteht durch Ihre innere Haltung. Der Körper ist nur das Sprachrohr und der Vermittler dieses inneren Ausdrucks, ähnlich wie die Boxen einer Musikanlage. Ist die Aufnahme nicht gut, können auch die besten Boxen die Klangqualität nicht retten.

Fazit: Glauben Sie nicht das, was Sie sagen, kann Sie auch die beste Präsentationstechnik nicht glaubwürdig erscheinen lassen. Dann bleibt Ihr Vortrag, Ihre Präsentation, Ihre Ansprache oder Ihr Statement für andere stets gespielt und nicht authentisch. Versuchen Sie doch einmal Folgendes:

- Kleidung ist ein wichtiger Faktor des Wohlgefühls. Beobachten Sie sich über mehrere Tage hinweg selbst ganz bewusst: Wie wollen Sie wirken, wenn sie morgens außer Haus gehen? Machen Sie Fotos von sich und schreiben Sie Ihre Beobachtungen von sich selbst dazu. Schauen Sie sich ein paar Wochen später die Fotos und Ihre Kommentare an. Was fällt Ihnen auf?

- Beobachten Sie bewusst, wie Sie Ihre Hände, Stimme, Ihren Körper und Ihre Mimik einsetzen. Versuchen Sie, den ganzen Körper beim Sprechen einzusetzen. Heben Sie zum Beispiel langsam die Hände, wenn Sie über positive Entwicklungen und Höhenflüge reden, oder zeigen Sie auf sich, wenn Sie über sich sprechen. Bewegen Sie also Ihre Hände passend zum Thema.
- Hier noch eine spannende Übung: Sagen Sie Ihrer Partnerin oder Ihrem Partner »Ich liebe dich« – aber dieses Mal bewusst mit dem Einsatz Ihres ganzen Körpers. Also: Zeigen Sie bei »Ich« auf sich, formen Sie bei »liebe« ein Herz oder zeigen Sie zu Ihrem Herzen oder zum Herz des Gegenübers und deuten Sie bei »dich« auf Ihren Partner oder Ihre Partnerin.

Wie? Das kommt Ihnen lächerlich vor? Mag sein. Es zeigt Ihnen aber unmittelbar und deutlich, wie sehr wir es verlernt haben, mit unserem Körper zu spielen und ihn lustvoll mit allen Facetten in Gesprächen einzusetzen. Umgekehrt bringt Sie das Nachdenken über diese Dinge als Führungskraft und Mensch weiter. Derartiges Denken (und Handeln) über den Tellerrand hinaus macht Spaß und hilft Ihnen auch, besser anzukommen. Denn eines ist klar: Wer »anders« ist, bleibt schneller in Erinnerung.

Der Ton macht die Musik

Um an das Beispiel von den Boxen der Musikanlage anzuschließen: Wie Sie sprechen ist natürlich ebenfalls ein wichtiger Faktor, wenn Sie als authentisch wahrgenommen werden wollen. Der »richtige Ton« ist dabei meist eine Gratwanderung: Bei jedem guten oder schwierigen Gespräch sollte ein Leader einerseits Emotion zeigen, andererseits aber auch die nötige Ruhe behalten, damit die Stimme entspannt klingt. Das ist nicht immer einfach, aber mit ein bisschen bewusster Achtsamkeit grundsätzlich möglich.

Betrachten Sie Ihre Stimme als die Boxen Ihrer inneren Musikanlage. Wenn die Box die ganze Zeit knistert oder Töne verzerrt (also Ihre Stimme brüchig wird, vibriert oder krächzt), werden andere keine große Lust mehr zum Zuhören haben. Im schlimmsten Fall werden sie abschalten (Sie also ignorieren oder auf Durchzug schalten). Ölen Sie also Ihre Stimme vor wichtigen Vorträgen, Gesprächen oder Meetings!

Versuchen Sie doch einmal Folgendes: Speziell vor schwierigen Situationen ist es ratsam, Atemübungen zu machen. Wenn Sie sich auf die Bauchatmung konzentrieren, wird Ihre Stimme sicherer. Yoga oder Meditation sind empfehlenswert, aber natürlich gibt es unzählige Methoden (und die entsprechende Literatur darüber), die Ihnen helfen können.

Dies ist übrigens auch im Privatleben gut einsetzbar. Bewusste Bauchatmung kann in Stress- und Notsituationen sehr rasch dabei helfen, ruhig zu bleiben und dadurch wieder aufnahme- und entscheidungsfähig zu werden. Wenn Sie es nicht glauben: Probieren Sie es aus und geben Sie sich genügend Zeit, diese Form der natürlichen Selbstzentrierung zu trainieren und zu meistern.

Auf Struktur und Fakten achten

Vielleicht kennen Sie das: Ein Vortragender tritt ans Podium und beginnt zu sprechen. Angenehme Stimme, authentische Körpersprache, überzeugende innere Haltung – doch dem Inhalt fehlt jegliche Struktur. Es fällt einem schwer, dem inhaltlichen Zickzacklauf zu folgen, und irgendwann gibt man auf.

Sie können noch so toll aussehen und die perfekte Stimme haben – wenn Sie Ihren Inhalten keine Struktur geben und/oder vielleicht auch keine Fakten anbieten, wird bei den Zuhörerinnen und Zuhörern wenig hängen bleiben. Dies gilt nicht nur für Vorträge, sondern für jede Art der Kommunikation – also auch persönliche Gespräche.

Versuchen Sie doch einmal Folgendes: Nehmen Sie einen Ihrer Vorträge mit dem Smartphone auf und hören Sie sich die Aufnahme ein, zwei Tage später in einer ruhigen Stunde bewusst an. Was ist Ihr Einstieg? Wie verläuft die Begrüßung? Wie spannen Sie den Bogen zur Kernbotschaft? Ist Ihr Storytelling so kreativ, spannend und neugierig machend, wie Sie es in Erinnerung haben? Verwenden Sie Metaphern, Geschichten und bildhafte Sprache? Kommen Sie auf den Punkt? Wie ist die Reaktion der Zuhörerinnen und Zuhörer?

Denken Sie darüber nach, wie Sie den gleichen Vortrag anders aufbauen und die Kernbotschaft anders vermitteln könnten. Setzen Sie auf emotionale Geschichten und vermeiden Sie trockene Zahlen und Details. Lockerheit bleibt hängen, Humor erzeugt Emotion – beides garantiert Ihnen bereitwillige Aufmerksamkeit und Interesse.

Meist braucht es nur gute Vorbereitung, um Menschen zu gewinnen, dann geht der Vortrag selbst nicht nur leichter von der Hand, sondern Meetings, Termine und Projekte gehen dann auch leichter und ergebnisorientierter über die Bühne. Und nicht vergessen: Wenn Sie sich selbst treu bleiben, sind Ihnen auch Ihre Zuhörer in Treue und Dankbarkeit ergeben. Denn wie Sie aus eigener Erfahrung wissen: Niemand ist von steifen, langweiligen und monotonen Vorträgen begeistert. Wenn jemand nicht nur zu informieren, sondern auch auf gewisse Art und Weise zu unterhalten weiß, ist man dankbar für diese »Serviceleistung«.

Reflexion: Sind Sie authentisch?

- Was können Sie tun, damit bei jeder Aussage auch Ihre Mimik und Gestik mitspielen?
- Was müssten Sie an Ihrer Stimmlage und Stimmtonalität ändern, damit sie besser gehört und wahrgenommen werden?
- Was müssen Sie an Ihrem Auftritt grundsätzlich verändern, damit Sie authentischer rüberkommen?
- Was wäre notwendig, dass Sie strukturierter wirken?
- Was können Sie an eigenen Glaubenssätzen und Vorstellungen ablegen, um mehr Sie selber zu sein?

Flexibilität und das Wellenreiten – Agilität und Innovationskraft im Alltag erhalten

Eines der Dinge, die wir Ihnen in diesem Buch vermitteln wollen, ist die Notwendigkeit, als Leader geistig in Bewegung zu bleiben. Daher finden Sie das Thema Agilität immer wieder in diesem Buch. Es ist die Zukunft von Unternehmen. Dabei ist diese Erkenntnis nichts wirklich Neues, erfährt momentan nur unter dem Begriff »Agilität« ein kleines Revival.

In der Systemtheorie ist das Prinzip unter der klingenderen Bezeichnung »Lernende Organisation« bekannt und besagt schlicht und einfach, dass eine Organisation stets bereit und offen dafür sein soll, Neues zu lernen und sich verändernden äußeren Bedingungen anzupassen.

Dieses Konzept wird in der Systemtheorie seit den 1950er-Jahren propagiert – unter anderem vom US-amerikanischen Soziologen Talcott Parsons, der vier Funktionen beschreibt, die jedes System erfüllen muss, um seine Existenz zu erhalten:

- Anpassung an äußere Umstände (Adaption)
- Definition und Verfolgung von Zielen (Goal Attainment)
- Einschluss, Zusammenhalt und Absicherung (Inklusion, Kohäsion und Integration)
- Aufrechterhaltung grundlegender Strukturen und Wertmuster (Latency)

Aus den Anfangsbuchstaben dieser vier Funktionen ergibt sich das bekannte AGIL-Schema.

Der Grund, warum wir Ihnen dieses Thema so ans Herz legen, ist die Tatsache, dass Nicht-Agilität in der Praxis einer der größten Stolpersteine für Führungskräfte ist, der dafür sorgt, dass Sie es nie bis zum Leader bringen. Sie verschließen die Augen vor Veränderungen und brennenden Themen und sitzen Dinge lieber aus, als sie aktiv, wach und agil mitzugestalten und zu bewältigen.

Wahre Leader wissen, dass diese Passivität automatisch dazu führt, dass man einerseits die Kontrolle verliert und andererseits geistig träge und genügsam wird – eine gefährliche Mischung. Es ist wichtig, sich und sein System (Organisation) regelmäßig zu hinterfragen und bewusst in regelmäßigen Abständen darauf zu achten, was der Markt benötigt – aber auch, was die Kundinnen und Kunden bzw. zukünftige Arbeitnehmerinnen und -nehmer brauchen.

Agilität statt Verschlossenheit

Agilität ist also eine grundlegende, unaufhörliche Achtsamkeit unter der Prämisse »Unabhängig von meinen persönlichen Überzeugungen und Prinzipien verändert sich die Welt ständig«. Was sich dabei alles im Detail ändert, muss man selbst nicht wissen (dafür gibt es Expertinnen und Experten) – es braucht jedoch einen Wachsamkeitsmodus und Offenheit, um für notwendige Anpassungen bereit zu sein. Es braucht aber auch die Authentizität als Leader, um mithalten zu können. Warum? Wer in Zeiten wie diesen Entwicklungen verschläft, gefährdet möglicherweise den Erfolg des Unternehmens und dadurch seinen eigenen Job und die Arbeitsplätze seines Teams. Mit anderen Worten: Ein sich veränderndes Umfeld verändert auch die Aufgaben, Schwerpunkte und Aktionsfelder von Leadern.

Gerade heute finden Veränderungen, Entwicklungen, Flops und Hypes immer schneller und unmittelbarer statt. Wer sich hier Veränderungen gegenüber verschließt oder gar in Widerstand geht, handelt fahrlässig und verschließt sich seiner Verantwortung. Mehr denn je wird von Führungskräften Innovationskraft und Flexibilität gefordert – bei Leadern wird sie zu Recht vorausgesetzt.

Was können Sie also konkret tun, um sich und Ihr Team agil zu halten, ohne dabei den natürlichen Arbeitsfluss und die Kontinuität zu verlieren? Nutzen Sie die folgenden fünf Schritte, um als Leader voranzugehen. Doch Achtung: Es geht selten gut, wenn man plötzlich alles auf einmal völlig anders machen möchte und andere dazu nötigt, die vielleicht noch gar nicht bereit für irgendwelche Veränderungen sind. Mit Überbeweglichkeit ohne Einfühlungsvermögen wird man sein Team eher lähmen als beflügeln.

Fünf Schritte zur Agilität

1. Suchen Sie sich immer wieder neue Aufgaben!
Melden Sie sich für Aufgaben und Themen – auch für jene, um die sich niemand wirklich reißt, und auch wenn Sie eigentlich mit dem Alltagsgeschäft genug zu tun haben. Neue Themen sorgen für frischen Wind und Inspiration und lassen Sie manchmal auch das »Daily Business« hinterfragen und verbessern. Und: Durch Ihre Bereitschaft sind Sie für Ihr Team nicht nur ein Vorbild, sondern fordern es auch aktiv auf, mobil, agil und flexibel zu bleiben.

2. Setzen Sie auf Expertinnen und Experten!
Sie sollen ein neues Thema bearbeiten und haben keine Zeit, sich damit zu beschäftigen? Laden Sie doch in die nächste Teamsitzung eine Expertin oder einen Experten zu dem betreffenden Thema ein. Es zahlt sich auch aus, sich diesen Besuch und die Expertise etwas kosten zu lassen, wenn Sie dafür ein neues Thema – ohne große Schulung und zeitlichen Aufwand – erfolgreich im Team bearbeiten können. Falls Sie in einem Konzern arbeiten, gibt es höchstwahrscheinlich sogar eine Expertin oder einen Experten, auf den Sie ohne Kosten zurückgreifen können.

3. Hinterfragen Sie Dinge!
Stellen Sie sich regelmäßig die Frage, ob die Abläufe, Prozesse, Strukturen und Rollenverteilungen im Team wirklich optimal sind. Kann noch etwas verbessert werden oder gibt es vielleicht neue Technologien und Tools, die die Arbeit vereinfachen würden? Haben sich bestimmte Themen vielleicht schon überholt oder sind demnächst sogar obsolet? Je regelmäßiger Sie Ihre Arbeit hinterfragen, desto häufiger werden Sie auf neue Ideen kommen.

4. Üben Sie sich in Selbstreflexion!
Wie schaut Ihr Netzwerk aus? Mit welchen Leuten umgeben Sie sich? Mit welchen Leuten treffen Sie sich regelmäßig? Sind diese Menschen inspirierend oder eher langweilig? Sind die Leute Ihnen ähnlich oder aus einer ganz anderen Ecke? Wohin reisen Sie gerne? Immer an den gleichen Ort? Agilität fängt bei Ihnen selbst und Ihren ureigensten Vorlieben an – nicht am Arbeitsplatz. Wenn Sie als Mensch agil bleiben, bleibt es Ihr Team auch.

5. Vorsicht vor zu viel des Guten!
Agilität kann auch nach hinten losgehen, wenn Sie zu viel Unruhe in ein Team bringen. Dann kann es passieren, dass Ihre Mitarbeiterinnen und Mitarbeiter überfordert sind. Genau das ist meist in der Regel das größte Problem der Agilität: Die blanke Überforderung, wenn eingespielte Teams, die jahrelang das Gleiche gemacht haben, von übermotivierten Führungskräften ins kalte Wasser geschmissen werden und schwimmen sollen.

Nie enden – erfolgreich bleiben und immer besser werden

Wenn Sie bis hierher durchgehalten haben, erwarten Sie womöglich abschließende Instruktionen oder Anleitungen, wie Sie überprüfen können, ob Sie nun tatsächlich ein wahrer Leader sind. Die letzte große Wahrheit rund um das Führen von Menschen, die wir Ihnen in diesem Buch unterbreiten wollen, wird Ihnen vielleicht am wenigsten gefallen: Es gibt kein Ende der Entwicklung zur Führungskraft und keinen Zeitpunkt, an dem Sie definitiv sagen können: »Jetzt habe ich es geschafft!«

Verabschieden Sie sich von dem Gedanken, dass Sie irgendwann nachgewiesen und unzweifelhaft eine feine Führungskraft oder ein anerkannter Leader sind. Dieser Moment wird nicht kommen. Denn mit jeder Situation, in der Sie vielleicht unglücklich, halbherzig oder falsch reagieren, werden Sie von jenen, die zu Ihnen aufblicken (bzw. die Erwartungen an Sie stellen) neu bewertet. Doch so ist es in allen Berufen und Rollen, bei denen man auf gewisse Art und Weise im Rampenlicht steht, weil man Verantwortung übernommen hat.

Die gute Seite an dieser Wahrheit ist: Sie können die Sache dennoch entspannt angehen und vielleicht sogar die versteckte Schönheit darin erkennen. Es ging und geht beim Führen von Menschen nie darum, der bzw. die Beste, der bzw. die Beliebteste, der bzw. die Erfolgreichste zu sein, sondern darum, dass Sie einen Weg gefunden haben, Mensch zu bleiben und anderen Menschen das gleiche Recht zuzugestehen. Und nebenbei üben Sie sich in der spannenden Profession, diese Menschen gleichzeitig zu Höchstleistungen zu motivieren.

Wir wollen Ihnen am Ende dieses Buches noch ein paar wichtige Gedanken mitgeben, die Sie vermutlich in anderem Zusammenhang schon irgendwo gehört haben, jetzt aber vielleicht durch den Fokus des Führens anders und präziser für sich nützen können.

- **Bleiben Sie immer im Hier und Jetzt!** Auch wenn Sie lang- und mittelfristige Ziele haben, die es zu verfolgen und zu erreichen gilt, ist es wichtig, darauf zu achten, dass Sie heute gesund und handlungsfähig sind. Kein Ziel der Welt (also auch keines in Ihrem Unternehmen) ist es wert, dafür seinen Körper oder seine Familie permanent zu vernachlässigen. Sie haben nur ein Leben und das will mit Freude und Liebe gelebt werden.
- **Bleiben Sie Mensch!** Eine essenzielle Botschaft dieses Buches ist, dass sowohl Sie als auch Ihr Team, Ihre Kolleginnen und Kollegen und Ihre Vorgesetzten nur Menschen sind. Wenn Menschen nicht glücklich, gesund und zufrieden sind, können sie keine gute Arbeit leisten. Eine wichtige Verantwortung als Leader ist, darauf zu achten, dass es Ihrem Team gut geht. Nicht permanent, denn das ist nicht möglich. Schließlich hat jedes Leben, jede Gruppe, jedes Arbeitsumfeld seine Hochs und Tiefs. Es wäre also unsinnig, von sich und anderen ständig und ohne Pause Leistung am Limit zu erwarten. Nur eines lässt sich permanent aufrechterhalten: die Achtsamkeit und dass es allen im Team so gut wie gerade möglich geht sowie das Bewusstsein, dass jeder bessere und schlechtere Tage hat.
- **Bleiben Sie ruhig!** Innere Ruhe war und ist ein wesentliches Markenzeichen von großen Männern und Frauen. Wer selbst im größten Chaos oder unter Zeitdruck eine innere Ruhe ausstrahlt und flexibel und umsichtig handeln bzw. anderen eine Richtung vorgeben kann, beeindruckt, beruhigt und beflügelt andere automatisch und unabhängig von den getroffenen Entscheidungen. Wahre Leader wissen, dass Erfolge und Ziele nicht immer erreicht werden können. Hin und wieder zu scheitern, gehört dazu. Es geht nicht immer nur darum, was man alles erreicht hat, sondern auch, auf welche Art und Weise man den Weg geht. Diese Klarheit

beruhigt den Geist und macht auf gewisse Art und Weise frei von unrealistischen Erwartungen und dem damit verbundenen Ärger und Druck.

- **Bleiben Sie Sich selbst treu!** Zuletzt eine Ermutigung, die Sie im wahren Leben wahrscheinlich nicht sehr oft hören werden. Wir leben in einer Gesellschaft, in der Entwicklung immer nur in eine Richtung gesehen wird: linear nach oben. Sie werden nicht viele Leute kennen, die freiwillig eine Sprosse auf der Karriereleiter nach unten gegangen sind und sich dadurch für weniger Verantwortung, weniger Gehalt und weniger Einfluss entschieden haben. Wenn ein Unternehmen mit Milliardenumsatz im neuen Geschäftsjahr 2 Prozent weniger Gewinn macht, spricht die Wirtschaftswelt von einer Krise. So ticken Menschen im Kapitalismus – und vergessen dabei, dass ein bewusst gesetzter Schritt zurück ein riesiger Gewinn für das eigene Glück und die eigene Lebensqualität sein kann. Falls Sie also das fortdauernde Gefühl haben sollten, dass Sie sich mit Ihrer jetzigen Position zu viel zugetraut haben und sich nach Ihrem alten Job zurücksehnen, in dem Sie mehr Gelegenheit hatten, sich kreativ zu verwirklichen oder Ihr Fachwissen erfüllender einzubringen, beobachten Sie diese Gedanken sehr genau und kritisch. Wenn Sie sich nach geraumer Zeit sicher sind, dass es sich dabei nicht um die normalen Selbstzweifel und Ängste handelt, die mit Veränderungen einhergehen, haben Sie den Mut, einen Schritt zurückzugehen. Auch wenn für viele Menschen die Position einer Führungskraft und Mitarbeiterverantwortung ein angestrebtes Ziel ist, ist niemand gezwungen, auf diesem Level zu bleiben, wenn er bzw. sie erkennt, dass man als einfaches Teammitglied doch glücklicher ist. Die eigenen Grenzen zu erkennen und zu wahren, ist in unserer Leistungsgesellschaft eine stille Heldentat, die von zu wenigen gewagt wird und die sich dennoch (auch trotz vielleicht ausbleibendem Applaus oder Anerkennung anderer) auf persönlicher Ebene gewaltig lohnt.

Mit den Geschichten in diesem Buch wollten wir Ihnen zeigen, dass es für alles verschiedene Perspektiven, Zugänge und Lösungsansätze gibt. Manchmal ist es wichtiger, einen Aspekt auf emotionaler Ebene zu begreifen, anstatt ihn intellektuell zu verstehen, da die Gefühlsebene viel unmittelbarer und direkter mit Wertegrundsätzen, Persönlichkeitsmerkmalen und individuellen Erlebnissen kommuniziert als Fakten, die man sich im Kopf zurechtbiegen kann.

Darum wollen wir dieses letzte Kapitel mit einer unserer Lieblingsgeschichten beenden, die im Unterschied zu den anderen in diesem Buch nicht von uns stammt, sondern in zahllosen Büchern und auf Websites anonym zitiert wird. Sie wird ein klares Bild in Ihren Kopf pflanzen, wie wichtig die richtige Prioritätensetzung im Leben ist.

Die wichtigen Dinge im Leben

Ein Zeitmanagementexperte hält im Auftrag eines Unternehmens einen Vortrag vor einer Gruppe leitender Angestellter – die meisten davon angehende Abteilungsleiterinnen und -leiter.

»Sie haben mir jetzt aufmerksam eine Stunde lang zugehört«, sagt der Experte, »aber ich möchte zum Abschluss dafür sorgen, dass Sie die Kernbotschaft meines Vortrags auch wirklich in Ihr Berufsleben mitnehmen.«

Er holt ein großes leeres Einmachglas aus der Tasche und stellt es auf das Podium. Danach fischt er zwölf faustgroße Steine aus einem Sack und legt sie behutsam in das Glas. Als er es bis zum oberen Rand gefüllt hat, fragt er die Anwesenden, ob das Glas voll sei. Alle bejahen.

»Tatsächlich?«, fragt der Experte und fördert einen weiteren Sack mit Kieselsteinen zutage. Er kippt auch diese Kieselsteine in das Glas und schüttelt es so lange, bis sich die kleineren Steine zwischen den größeren faustgroßen Steinen verteilt haben.

Er fragt die Gruppe erneut: »Ist das Gefäß jetzt voll?«

Nun ahnen die Anwesenden bereits, worauf der Experte hinauswill. Einer antwortet: »Wahrscheinlich nicht!«

Der Experte schmunzelt und holt einen Sack mit Sand hervor. Behutsam schüttet er den Sand in das Glas zu den anderen Steinen. Der feinkristallene Sand sucht sich seinen Weg in die noch verbliebenen Lücken.

»Ist das Gefäß jetzt voll?«

»Nein«, rufen die Teilnehmer nun einhellig.

Mit einem Augenzwinkern nimmt der Experte einen Krug Wasser zur Hand und füllte das Glas mit Sand und Steinen bis zum oberen Rand voll. Dann sieht er die Anwesenden fragend an: »Was ist wohl die Botschaft dieser Vorführung?«

Einer der angehenden Abteilungsleiter hebt die Hand und sagt: »Egal, wie voll dein Terminkalender ist – wenn du es wirklich willst, kannst du immer noch einen Termin unterbringen!«

»Nein«, antwortete der Dozent, »das ist nicht der Punkt. Was ich Ihnen eigentlich zeigen will, ist: Wenn Sie nicht zuerst die großen Steine unterbringen, können Sie später nichts mehr hinzufügen.«

Stellen Sie sich folgende Fragen:

- Was sind die »großen Steine« in Ihrem Leben?
- Sind es Ihre Kinder? Oder Personen, die Ihnen wichtig sind? Sind es Ihre Träume oder Dinge, die Sie lieben? Ist es das Gefühl, Zeit für sich selbst zu haben? Gesundheit? Ihr Lebenspartner?
- Wenn Sie diesen »großen Steinen« in Ihrem Leben keine Priorität einräumen, werden Sie sie später nicht mehr in Ihrem Leben unterbringen. Wer den relativ unwichtigen Dingen den Vorzug gibt, beschäftigt sich mit Sachen, die keinen Wert haben, und wird keine Zeit für die großen und wichtigen Dinge haben.

Quellenverzeichnis

Bloom, P.: Against Empathy: The Case for Rational Compassion. Vintage Publishing. 2018

Bratitsis, T. & Ziannas, P.: From Early Childhood to Special Education: Interactive Digital Storytelling as a Coaching Approach for Fostering Social Empathy. In: Procedia Computer Sciences. Bd. 67. 2015

Edgar, H., Schein, P. A.: Organizational Culture and Leadership. Schein, John Wiley & Sons Inc. 2016

Ekman, P.: Gefühle lesen. München. 2007

Gielas, A.: Empathie blendet uns. Die Zeit Nr. 49/2015. https://www.zeit.de/2015/49/psychologie-empathie-terror-mitgefuehl-interview

Hesch G.: Das Menschenbild neuer Organisationsformen – Mitarbeiter und Manager im Unternehmen der Zukunft. Springer Verlag. 1997

Kotter, J. P.: A Force for Change – How Leadership Differs From Management. Simon & Schuster N.Y. 1990

Kotter, J. P.: Leading Change. Harvard Business Review Press. 2012

Maccoby, M.: The Leaders We Need: And What Makes Us Follow. 1868

McGregor, D.: The Human Side of Enterprise. McGraw-Hill Education Ltd. 2006

Mukamel, R., Ekstrom, A. D., Kaplan, J., Iacoboni, M. & Fried, I.: Single-Neuron Responses in Humans during Execution and Observation of Actions. In: Current Biology, Bd. 20, Nr. 8, S. 750–756. 2010

Ricard, M. & Singer, T.: Mitgefühl in der Wirtschaft. Knaus Verlag. 2015

Riemann F.: Grundformel der Angst. Ernst Reinhardt Verlag. 2006

Scholz, C.: Effektivität und Effizienz, organisatorische. In: Frese, E. (Hrsg.) Handwörterbuch der Organisation. 1992

Scholz, C.: Personalmanagement, Informationsorientierte und verhaltenstheoretische Grundlagen. Vahlen. 1993

Segal, E. A.: Social Empathy: A Model Built on Empathy, Contextual Understanding, and Social Responsibility That Promotes Social Justice. In: Journal of Social Service Research, Bd. 37. 2011

Seliger, R.: Positive Leadership. Schäfer Poeschl. 2014

Seliger, R.: Das Dschungelbuch der Führung. Carl Auer Verlag. 2018

Shaw, L. u. a.: Measuring empathy: reliability and validity of the Empathy Quotient. In: Psychological Medicine, Bd 34. 2004

Die Autorin und der Autor

© Niklas Schnaubelt

Anke van Beekhuis ist führende Expertin für High Performance Culture, Gender Balancing und ergebnisorientiertes Führen. Sie verfügt über mehrjährige Management- und Beratungserfahrung in nationalen und internationalen Unternehmen. Sie war lange Jahre als Bauleiterin für Bauprojekte zuständig und wechselte dann in Managementpositionen unterschiedlicher Branchen. 2005 gründete sie TheRedHouse, das 2019 zu BEEKHUIS Performance Culture wurde. Sie begleitet Unternehmen dabei, eine Unternehmenskultur zu etablieren, die einen Mehrwert generiert. Besonderes Augenmerk legt sie auf eine High Performance Culture und eine Gender Balance Culture. Sie arbeitet mit internationalen Unternehmen an deren Kulturperformance und macht Führungskräfte fit für den Kulturwandel. Zusätzlich ist sie als Vortragende unterwegs und mehr als 1000 Führungskräfte und Vorstände haben von ihrem Fachwissen profitiert. Führungsaufgaben hinterfragt sie tagtäglich und hat diese nach über 20 Jahren der Beobachtung in diesem Buch zusammengeführt. www.beekhuis.at

© Carmen Ferner

Marco Seltenreich ist Journalist, Autor und Spezialist für interne Kommunikation. Im Rahmen seiner Tätigkeit für internationale Konzerne bzw. für soziale Einrichtungen ist es dem gebürtigen Wiener stets ein Anliegen gewesen, Brücken zwischen Menschen, Hierarchien, Ideologien und komplexen Zusammenhängen zu schlagen – im Idealfall mittels ungewöhnlicher oder überraschender Mittel. Besonders Humor, Satire und Kreativität sind dabei bevorzugte Instrumente, um ernste Botschaften unterhaltsam und nachhaltig zu vermitteln. Die Zusammenarbeit von Menschen, deren Motive und Gedankenmuster spielen in den »Selbstdenkgeschichten« des Autors stets eine große Rolle. In Kombination mit den traditionellen Mitteln eines Sachbuchs ermöglichen sie eine ergänzende Sichtweise auf Problemstellungen und vermitteln dabei oft schwer greifbare Themen wie Empathie, Authentizität und Klarheit auf spielerische und intuitive Weise. Seltenreich lebt und arbeitet in Wien.

Stichwortregister